Mitteilungen über Forschungsarbeiten.

Die bisher erschienenen Hefte enthalten:

Heft 1.
Bach: Untersuchungen über den Unterschied der Elastizität von Hartguß (abgeschrecktem Gußeisen) und von Gußeisen gewöhnlicher Härte.
—, Zur Frage der Proportionalität zwischen Dehnungen und Spannungen bei Sandstein.
—, Versuche über die Abhängigkeit der Festigkeit und Dehnung der Bronze von der Temperatur.
—, Versuche über das Arbeitsvermögen und die Elastizität von Gußeisen mit hoher Zugfestigkeit.
—, Versuche über die Druckfestigkeit hochwertigen Gußeisens und über die Abhängigkeit der Zugfestigkeit desselben von der Temperatur.
—, Untersuchung über die Temperaturverhältnisse im Innern eines Lokomobilkessels während der Anheizperiode.

Heft 2. vergriffen.
Stribeck: Kugellager für beliebige Belastungen.
Göpel: Die Bestimmung des Ungleichförmigkeitsgrades rotierender Maschinen durch das Stimmgabelverfahren.
Holborn und **Dittenberger:** Wärmedurchgang durch Heizflächen.
Lüdicke: Versuche mit einem Lufthammer.

Heft 3. vergriffen.
Meyer: Untersuchungen am Gasmotor.
Martens: Zugversuche mit eingekerbten Probekörpern.
Werkzeugstahl-Ausschuß Schnelldrehstahl.

Heft 4. vergriffen.
Bach: Versuche über die Abhängigkeit der Zugfestigkeit und Bruchdehnung der Bronze von der Temperatur.
Lindner: Dampfhammer-Diagramme.
Bach: Eine Stelle an manchen Maschinenteilen, deren Beanspruchung aufgrund der üblichen Berechnung stark unterschätzt wird.
Körting: Untersuchungen über die Wärme der Gasmotorenzylinder.
Claaßen: Die Wärmeübertragung bei der Verdampfung von Wasser und von wässrigen Lösungen.

Heft 5. vergriffen.
Bach: Die Elastizität der an verschiedenen Stellen einer Haut entnommenen Treibriemen.
Staus: Beitrag zur Wärmebilanz des Gasmotors.
Pfarr: Bremsversuche an einer New American Turbine.
Bach: Zur Frage des Wärmewertes des überhitzten Wasserdampfes.

Heft 6. vergriffen.
Schröder: Versuche zur Ermittlung der Bewegungen und Widerstandsunterschiede großer gesteuerter und selbsttätiger federbelasteter Pumpen Ringventile.
Westberg: Schneckengetriebe mit hohem Wirkungsgrade.
Frahm: Neue Untersuchungen über die dynamischen Vorgänge in den Wellenleitungen von Schiffsmaschinen mit besonderer Berücksichtigung der Resonanzschwingungen.

Heft 7. vergriffen.
Stribeck: Die wesentlichen Eigenschaften der Gleit- und Rollenlager.
Schröter: Untersuchung einer Tandem-Verbundmaschine von 1000 PS.
Austin: Ueber den Wärmedurchgang durch Heizflächen.

Heft 8.
Langen: Untersuchungen über die Drücke, welche bei Explosionen von Wasserstoff und Kohlenoxyd in geschlossenen Gefäßen auftreten.
Meyer: Untersuchungen am Gasmotor.

Heft 9.
Lasche: Die Reibungsverhältnisse in Lagern mit hoher Umfangsgeschwindigkeit.
Dittenberger: Ueber die Ausdehnung von Eisen, Kupfer, Aluminium, Messing und Bronze in hoher Temperatur.

Bach: Die Elastizitäts- und Festigkeitseigenschaften der Eisensorten, für welche nach dem vorhergehenden Aufsatz die Ausdehnung durch die Wärme ermittelt worden ist.
—, Versuche zur Klarstellung der Verschwächung zylindrischer Gefäße durch den Mannlochausschnitt.

Heft 10.
Günther: Verfahren zur Gewinnung von Kupfer und Nickel aus kupfer- und nickelhaltigen Magnetkiesen.
Grübler: Versuche über die Festigkeit von Schmirgel- und Karborundumscheiben.
Klein: Reibungsziffern für Holz und Eisen.

Heft 11.
Schmidt: Untersuchungen über die Umlaufbewegung hydrometrischer Flügel.
Bach und **Roser:** Untersuchung eines dreigängigen Schneckengetriebes.
Frank: Neuere Ermittlungen über die Widerstände der Lokomotiven und Bahnzüge mit besonderer Berücksichtigung großer Fahrgeschwindigkeiten.
Bach: Abhängigkeit der Wirksamkeit des Oelabscheiders von der Beschaffenheit des den Dampfzylindern zugeführten Oeles.

Heft 12.
Lewicki: Die Anwendung hoher Ueberhitzung beim Betrieb von Dampfturbinen.

Heft 13.
Grießmann: Beitrag zur Frage der Erzeugungswärme des überhitzten Wasserdampfes und sein Verhalten in der Nähe der Kondensationsgrenze.
Diegel: Der Einfluß von Ungleichmäßigkeiten im Querschnitte des prismatischen Teiles eines Probestabes auf die Ergebnisse der Zugprüfung.
Schimanek: Versuche mit Verbrennungsmotoren.
Stribeck: Der Warmzerreißversuch von langer Dauer. Das Verhalten von Kupfer.

Heft 14 bis 16. vergriffen.
Berner: Die Erzeugung des überhitzten Wasserdampfes.

Heft 17.
Meyer: Versuche an Spiritusmotoren und am Diesel-Motor.
Pfarr: Bremsversuche an einer Radialturbine.
Bach: Versuche mit Granitquadern zu Brückengelenken.

Heft 18.
Schlesinger: Die Passungen im Maschinenbau.
Brauer: Leistungsversuche an Linde-Maschinen.
Büchner: Zur Frage der Lavalschen Turbinendüsen.

Heft 19.
Schröter und **Koob:** Untersuchung einer von Van den Kerchove in Gent gebauten Tandemmaschine von 250 PS.
Gutermuth: Versuche über den Ausfluß des Wasserdampfes.
—, Die Abmessungen der Steuerkanäle der Dampfmaschinen.
Strahl: Vergleichende Versuche mit gesättigtem und mäßig überhitztem Dampf an Lokomotiven.

Heft 20.
Bach: Versuche mit Sandsteinquadern zu Brückengelenken.
Stahl: Untersuchung des Auslaufweges elektrischer Aufzüge.

Heft 21.
Berner: Die Fortleitung des überhitzten Wasserdampfes.
Knoblauch, Linde, Klebe: Die thermischen Eigenschaften des gesättigten und des überhitzten Wasserdampfes zwischen 100° und 180° C. I. Teil.
Linde: Die thermischen Eigenschaften des gesättigten und des überhitzten Wasserdampfes zwischen 100° und 180° C. II. Teil.
Lorenz: Die spezifische Wärme des überhitzten Wasserdampfes.

Mitteilungen

über

Forschungsarbeiten

auf dem Gebiete des Ingenieurwesens

insbesondere aus den Laboratorien
der technischen Hochschulen

herausgegeben vom

Verein deutscher Ingenieure

Heft 79.

Springer-Verlag Berlin Heidelberg GmbH
1909

ISBN 978-3-662-01709-8   ISBN 978-3-662-02004-3 (eBook)
DOI 10.1007/978-3-662-02004-3

Inhalt.

Seite
Untersuchung des Arbeitsprozesses im Fahrzeugmotor. Von Kurt Neumann   1

Untersuchung des Arbeitsprozesses im Fahrzeugmotor.

Von Dr.-Ing. Kurt Neumann.

Einleitung.

Die außerordentliche Vervollkommnung und Betriebsicherheit, welche die für Fahrzeuge bestimmte Verbrennungskraftmaschine in den letzten Jahren erhalten hat, haben dem Kraftwagenwesen eine große Bedeutung und steigende Verbreitung gesichert. Wenn die Fortschritte auf diesem Gebiet auch mehr der Erkenntnis des praktischen Versuches entsprungen, als auf Grund theoretischer Forschung entstanden sind, so darf doch nicht übersehen werden, daß für beide Wege die wissenschaftliche Untersuchung des Fahrzeugmotors von Wichtigkeit sein kann.

In dieser Hinsicht liegen jedoch nur vereinzelte Angaben in der Literatur vor. Außer den Untersuchungen von Güldner[1] und Schimanek[2] sind hauptsächlich die Versuche von Hopkinson[3] bekannt geworden. Nach Abschluß vorliegender Arbeit wurden in neuester Zeit Untersuchungen von Lutz und Watson veröffentlicht, die am Schluß von Abschnitt V besprochen sind. Der Grund für die geringe Zahl der Abhandlungen, die sich mit der Untersuchung von Fahrzeugmotoren befassen, liegt wahrscheinlich in dem Umstand, daß es, um einwandfreie Ergebnisse zu erhalten, besonderer Meßeinrichtungen bedarf, die außerhalb des Laboratoriums auf den Versuchsständen der Fabriken selten zu finden sind. Eine weitere Schwierigkeit bietet bei den hohen Umlaufzahlen der Wagenmotoren die Erhaltung des Beharrungszustandes, da schon geringfügige Störungen von erheblichem Einfluß auf den Vergasungsvorgang an der Düse sind, ohne dessen Beharrung der Versuch seine Bedeutung verliert.

Selbst unanfechtbare Ermittlungen, die sich nur auf den Brennstoffverbrauch beziehen, sind selten. Eine 1895 in Chicago vorgenommene Prüfung[4] ergab Grenzwerte von 2,800 und 0,890 kg Benzin für 1 PS$_e$-st. Nach Leistungsversuchen, die 1907 im Institut für Gärungsgewerbe[5] in Berlin stattfanden, sollen die geprüften Viertaktmotoren fast stets mit Luftmangel gearbeitet haben. Dieser Schluß stützt sich allerdings nur auf volumetrische Abgasuntersuchungen, die — wie schon Eugen Meyer[6] nachgewiesen hat — für die Beurteilung der Verbrennung keine genügende Genauigkeit besitzen.

Durch das liebenswürdige Entgegenkommen des Herrn Geheimen Hofrats Professors Dr. Mollier war der Verfasser in der Lage, im Maschinenlaboratorium

---

[1] Zeitschrift des Vereines deutscher Ingenieure 1900 S. 1320 und 1728.
[2] Mitteilungen über Forschungsarbeiten Heft 13 S. 65; Z. d. Oesterr. Ing.- u. Arch.-V. 1900 No. 33 und 34.
[3] Engineering 1907 S. 164, 219, 573.
[4] Zeitschrift des Vereines deutscher Ingenieure 1900 S. 526.
[5] Verhandlungen des Vereins zur Beförderung des Gewerbfleißes 1907 S. 107.
[6] Mitteilungen über Forschungsarbeiten Heft 8 S. 62.

Fig. 1 und 2. Die Versuchseinrichtung.

der Königl. Sächs. Technischen Hochschule zu Dresden Versuche an einem Fahrzeugmotor auszuführen, die infolge der vorzüglichen Hülfsmittel, die bei ihrer Durchführung zu Gebote standen, nach mancher Richtung hin bemerkenswerte Ergebnisse geliefert haben.

Die Ungenauigkeit des Verfahrens, die vom Motor angesaugte Luftmenge gasanalytisch aus den Abgasen zu ermitteln, wurde durch Messung mittels Luftuhr vermieden. Es bot sich somit Gelegenheit, den Einfluß des Mischungsverhältnisses festzustellen. Von einer Bestimmung der indizierten Leistung wurde trotz Verwendung eines optischen Indikators Abstand genommen. Größere Wichtigkeit wurde dem Einfluß des Zündungsbeginns, der Umlaufzahl und dem Verdampfungsvorgang beigelegt.

Die vorliegende Arbeit soll an Hand von Versuchsreihen den Arbeitsprozeß des Fahrzeugmotors kritisch untersuchen und den Einfluß der auf den Wärmeverbrauch einwirkenden Größen feststellen. Im Anschluß hieran wird die Zündgeschwindigkeit von Benzindampf-Luftgemischen einer besonderen Untersuchung unterworfen.

1) Die Versuchseinrichtung.

Die Versuche wurden sämtlich an einem stehenden Einzylindermotor von De Dion-Bouton vorgenommen. Fig. 1 und 2 gibt die Versuchseinrichtung im Bild wieder. Von der Firma war die Nennleistung des Motors zu 8 PS$_e$ bei 1600 Uml./min angegeben. Ueber die Konstruktionsverhältnisse gibt die Zahlentafel 1 Aufschluß.

Zahlentafel 1.

Kolbenhub	120,1 mm
Zylinderdurchmesser	99,97 mm
Kolbenquerschnitt	78,49 qcm
Hubraum V_h	942,7 ccm
Inhalt des Kompressionsraumes V_k	285,6 ccm
Kompressionsgrad ε	4,3008

Der Zylinderdurchmesser wurde durch Stichmaß ermittelt, der Inhalt des Kompressionsraumes als Mittel aus 7 Wasserfüllungen gefunden. Der Kompressionsgrad berechnet sich

$$\varepsilon = \frac{V_k + V_h}{V_k}.$$

Als Brennstoff wurde Benzin benutzt. Die Leistung konnte ursprünglich nur durch Verlegen des Zündzeitpunktes oder durch Verdünnen der Ladung mit zurückgesaugten Abgasen geregelt werden. Zu dem Zwecke läßt sich die Hubdauer des Auspuffventils durch Drehen eines Hebels von Hand verändern, ohne daß dadurch der Augenblick der Ventileröffnung beeinflußt wird. Da diese Art der Regelung für die thermische Beurteilung der Verbrennung nur von geringem Wert sein kann, so wurde in das Verbindungsrohr zwischen Vergaser und Motor eine Drosselklappe, Fig. 3 und 4, eingebaut, die eine Veränderung der Leistung durch Drosseln des Gemisches innerhalb gewisser Grenzen ermöglichte.

Die Zerstäubung des flüssigen Benzins und die Mischung des Brennstoffdampfes mit Luft geschieht im Vergaser. Dem Behälter b, Fig. 4, fließt das Benzin durch eine hinreichend lange, biegsame Rohrleitung aus einem ungefähr ³/₄ m höher auf einer sehr empfindlichen Dezimalwage stehenden Gefäß zu. In dem Behälter b wird der Flüssigkeitsspiegel durch einen Schwimmer s und ein durch zwei Hebel beeinflußtes Nadelventil stets in gleicher Höhe gehalten. Aus dem Gefäß *b* wird die Düse *d*, deren Oeffnung 0,79 qmm beträgt, so hoch gefüllt, daß der Brennstoff durch die Saugwirkung des Motors zum Austritt gelangt. Der obere Teil des Vergasers ist durch ein 15 cm langes Rohr von 1″ lichter Weite mit dem Einlaßventil verbunden. Mit der Düsen gleichachsig ist im Innern des Vergasers ein 2 cm über dem Boden beginnendes, von außen drehbares Rohr angeordnet, das mittels einer angegossenen Schneide den eintretenden Luftstrom in zwei Zweige gabelt. Der eine Zweigstrom wird an der Düse vorübergeführt und nimmt den Brennstoffdampf auf. Der andere Zweigstrom vereinigt sich mit Umgehung der Düse erst oberhalb mit dem ersten Ast und stellt durch Vermischung des reichen Gemenges mit reiner Luft zündfähiges Gemisch her. Durch Drehen der Schneide hat man es in der Hand, die Eröffnungsquerschnitte für beide Zweigströme und damit das

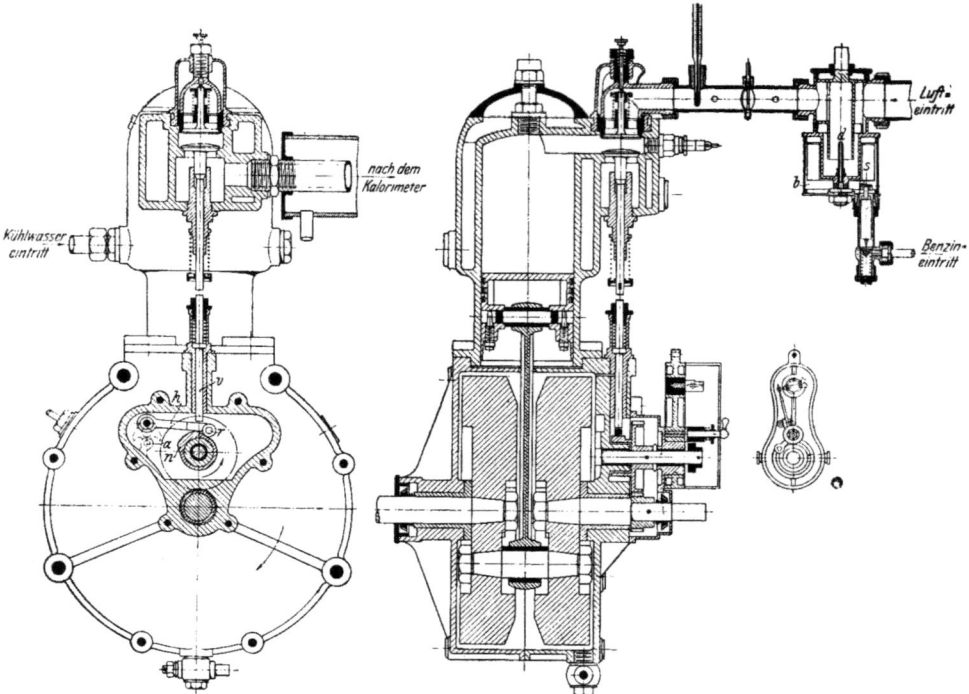

Fig. 3 und 4. Stehender Einzylindermotor von De Dion-Bouton.

Mischungsverhältnis von Brennstoffdampf und Luft zu ändern. Die Summe der Eröffnungsquerschnitte ist gleich dem Querschnitt des Luftzuleitungsrohres, das 38 mm lichte Weite besitzt.

Vom Vergaser gelangt das Gemisch, nachdem es durch die Drosselklappe geströmt ist, zum selbsttätigen Eintrittventil des Motors. Da es sich herausstellte, daß die Spannung der Ventilfeder von Einfluß auf die Umlaufzahl und Leistung der Maschine war, so wurde das Ventil derart umgestaltet, daß man die Federspannung verändern konnte. Zu diesem Zwecke wurde ein neues Ventil, Fig. 5, von gleicher Masse mit langer Spindel hergestellt; an das obere Ende wurde eine Schraubenfeder eingehängt, deren Zugspannung durch eine Nachstellvorrichtung auf das feinste geregelt werden konnte. Beim Andrehen des Motors genügt ein Druck auf die Ventilspindel, um das Ventil zu öffnen und die Kompression in Wegfall zu bringen.

— 5 —

Das Austrittventil wird gesteuert. Ein Wechsel in der Leistung durch Rücksaugen der Abgase wird durch Verändern der Hubdauer herbeigeführt. Der mittels einer Rolle r, Fig. 3, auf dem Umfange der Nockenscheibe n gleitende Hebel h, auf dessen Oberseite sich das Ende der Ventilspindel v stets aufsetzt, kann durch Drehen der Achse a wagrecht verstellt werden, wodurch der Hub der Ventilspindel, jedoch nicht der Augenblick der Ventileröffnung verändert wird. Bei den vorliegenden Versuchen ist von dieser Art der Regelung mit Ausschluß der Versuche Nr. 96 bis 100, bei denen der Wirkungsgrad dieser Einrichtung festgestellt werden sollte, kein Gebrauch gemacht worden. Das

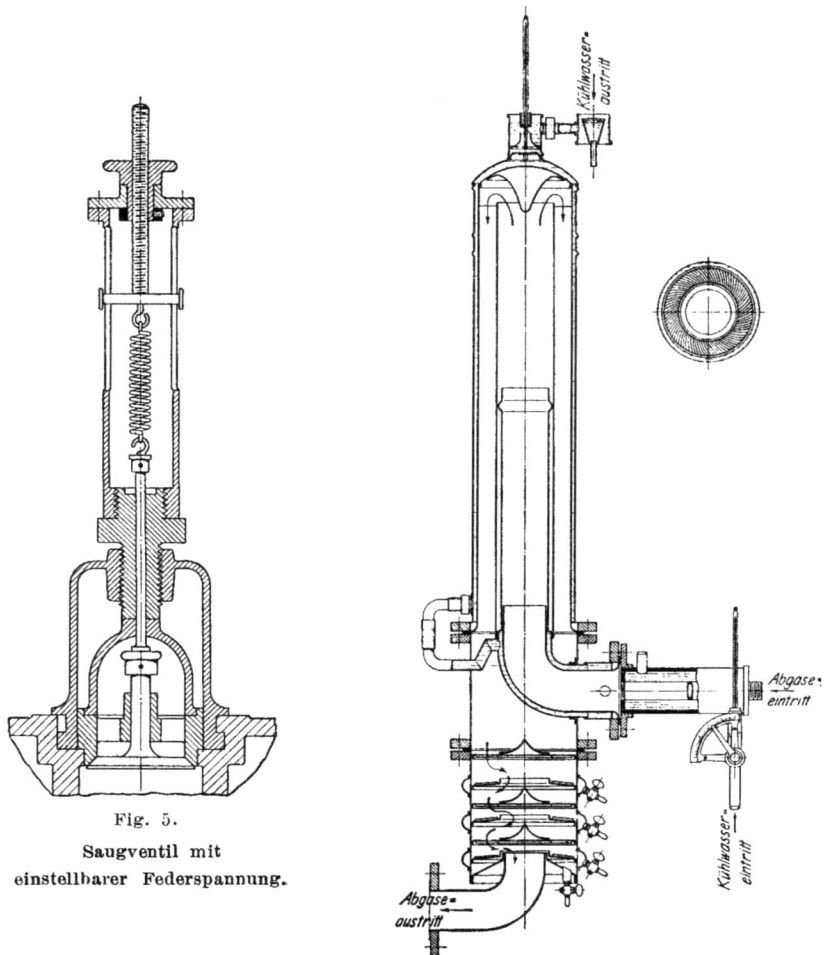

Fig. 5.
Saugventil mit
einstellbarer Federspannung.

Fig. 6. Abgaskalorimeter von Junkers & Co.

Austrittventil wird demnach stets in der für den regelmäßigen Viertakt erforderlichen Weise gesteuert.

Zur Bestimmung der Wärme, welche die Auspuffgase des Motors enthalten, wurde ein Abgaskalorimeter, Fig. 6, benutzt, das von der Firma Junkers & Co. in Dessau geliefert worden war. Der in das Kalorimeter eintretende Gasstrom wird durch ein Rohr aufwärts geleitet, im obersten Teil in seiner Bewegungsrichtung umgekehrt und durch enge schraubenartige Fächer abwärts zum

Abgasstutzen geführt, an den die Abgasleitung angeschlossen ist. In den zahlreichen Fächern verflüssigt sich der durch die Verbrennung entstandene Wasserdampf und sammelt sich im unteren Teile des Kalorimeters in vier ringförmigen Räumen, von denen er durch ein gemeinsames Rohr dem Meßglas des Verbrennungswassers zugeleitet wird. Da das Kalorimeter nicht unmittelbar an den Motor angeschlossen werden konnte, so wurde zwischen beide ein 35 cm langes doppelwandiges Rohr aus Schmiedeisen geschaltet, durch dessen Ringraum das zur Kühlung verwendete Wasser strömt, bevor es zum Kalorimeter gelangt. In diesem steigt es aufwärts und wird oben durch Ueberlauf auf gleicher Höhe gehalten. Durch einen Schlauch fließt es einem geeichten Wechselgefäß zu, in dem seine Menge gemessen wird. Das Kühlwasser wird einem besonderen, im Laboratorium vorhandenen Hochbehälter entnommen, in dem der Wasserstand durch einen Schwimmerhahn stets auf gleicher Höhe gehalten wird. Das Wasser fließt deshalb dem Kalorimeter immer unter gleichem Druck und mit sehr gleich bleibender Temperatur zu. Die Temperaturen des ein- und austretenden Kühlwassers werden durch Thermometer mit Zehntelgrad-Teilung gemessen. Die Menge kann durch einen Hahn, der einen auf einer Skala spielenden Zeiger trägt, geregelt werden.

Auf gleiche Weise wird die an den Kühlmantel des Zylinders übergehende Wärmemenge bestimmt. Die Schwankungen der Ablauftemperatur des Kühlwassers werden durch eine Mischvorrichtung abgeschwächt, welche unmittelbar vor das Thermometer eingebaut ist.

Zur Bestimmung der effektiven Leistung ist der Motor mit einer elektrischen Wirbelstrombremse ausgestattet. Da der Motor an Stelle des Schwungrades zwei innerhalb des Kurbelgehäuses liegende Schwungscheiben besitzt, so war es nicht möglich, diese in den zur Bremsung erforderlichen magnetischen Kreis einzuschalten. Diese Konstruktionsverhältnisse führten zu folgender Anordnung, Fig. 7.

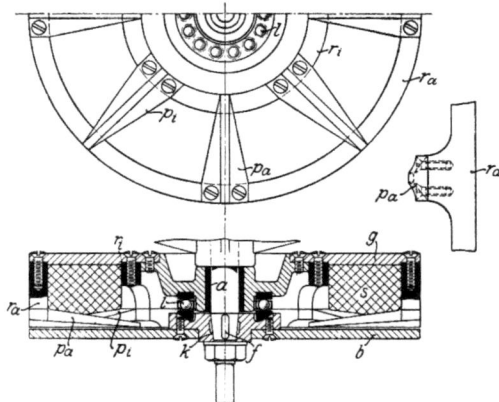

Fig. 7. Wirbelstrombremse.

Auf einer eisernen Grundplatte g, die mittels einer Rotgußbüchse a auf der Motorwelle leicht drehbar befestigt ist, sind zwei gleichachsige Ringe r_i und r_a aufgeschraubt, die die Polschuhe p_i und p_a tragen. In dem dadurch entstehenden Ringraum liegt die das magnetische Feld erzeugende Spule s, die ungefähr 4000 Drahtwindungen von 0,8 mm Drahtstärke besitzt. Mit der Motorwelle ist durch einen Kegel k und eine Feder f die Bremsscheibe b starr verbunden. Sie ist aus Flußeisen hergestellt und hat 420 mm Durchmesser bei 10 mm Dicke.

Da die Scheibe b unter dem Einflusse des Feldes einem axialen Schub unterliegt, so ist zwischen Scheibe und Bremskörper ein Kugellager l angeordnet. Der Spielraum zwischen Scheibe und Polschuhen beträgt ungefähr 1 mm. Die beiden Enden der Spule s sind isoliert zu zwei Klemmen geführt, die sich auf der Außenfläche von r_a befinden. Diese sind mit Zwischenschaltung eines Regulierwiderstandes an das 220 V-Netz des Instituts angeschlossen. Um eine zu starke Erwärmung der Bremsscheibe b zu verhindern, wird sie während der Versuche durch Wasser gekühlt. Gegen das Umherspritzen von Wasserteilchen gewährt ein Blechkasten Schutz, der die Scheibe eng umschließt. Zur Erhöhung der Isolation liegt die mit Isolierband umwickelte und mit Schellack getränkte Spule zwischen zwei Glimmerscheiben.

Der Bremshebelarm drückt mittels einer Stelze auf die Bremswage. Um die beim Betrieb unvermeidlichen Erschütterungen möglichst zu verringern, sind zwischen Stelze und Wagetafel ein Kugellager angeordnet und an der Wagschale eine Oeldämpfung angebracht.

Mit großer Sorgfalt wurde das Eigenmoment der Bremse bestimmt. Der Bremshebel besitzt 506,5 mm Länge und überträgt auf die Wage eine Eigenkraft von 0,445 kg. Für die effektive Leistung des Motors ergibt sich bei einer gesamten auf die Dezimalwage geäußerten Kraft G die Beziehung

$$N_e = \frac{2\pi \cdot 0,5065}{60 \cdot 75} (G - 0,445) n$$
$$= 0,0007072 (G - 0,445) n \text{ PS}.$$

Es sei hierbei bemerkt, daß sich die Bremse selbst bei den höchsten Umlaufzahlen vorzüglich bewährt hat. Ihre Empfindlichkeit und ihr Verweilen in der Gleichgewichtslage bei gutem Beharrungszustande des Motors verdient außerordentliche Beachtung.

Zur Ermittlung der Umlaufzahlen wurde ein zwangläufiges Zählwerk benutzt, das von der Firma Schäffer & Budenberg, Magdeburg, geliefert worden ist. Die Drehung der Kurbelwelle wird durch Schnecke und Schneckenrad unmittelbar auf das Zählwerk übertragen. Während der Versuche wird alle 5 Minuten abgelesen. Zur dauernden Ueberwachung der Umlaufzahl ist ein Bifluidtachometer angeordnet, das durch ein Band von der Motorwelle aus angetrieben wird.

Um einen Einblick in die inneren Arbeitsvorgänge des Motors zu erhalten, wurde der optische Indikator der Elsässischen Elektrizitätswerke zu Straßburg benutzt. Seine Einrichtung und Wirkungsweise[1] darf als bekannt vorausgesetzt werden. Eine Neuerung daran ist eine in den Indikatorantrieb eingeschaltete Kupplung, welche gestattet, den Totpunkt des Diagrammes während des Betriebes zu verändern, sodaß man in der Lage ist, außer dem regulären Diagramm versetzte Diagramme zu nehmen. Als Lichtquelle dient eine Nernstlampe, deren Helligkeit durch einen Vorschaltwiderstand geregelt werden kann. Das Diagramm erscheint als leuchtende Linie auf der Mattscheibe der Kamera. Zur photographischen Fixierung wurde höchst empfindliches Bromsilberpapier (Marke M) von der Firma Dr. Stolze, Charlottenburg, verwendet. Die Membrankammer des Indikators ist mit Zwischenschaltung eines Dreiwegehahnes durch ein Rohr von 2 mm lichter Weite, das durch fließendes Wasser gekühlt wird, mit dem Kompressionsraum des Motors verbunden. Der Indikator leistete in der beschriebenen Form gute Dienste. Von einer Bestimmung der indizierten Leistung wurde jedoch abgesehen. Der Grund hierfür liegt in dem Umstand, daß die Ausweichungen der Membran nicht proportional den auftretenden Drücken sind.

---

[1] Zeitschrift des Vereines deutscher Ingenieure 1904 S. 1314.

Es wäre möglich gewesen, den Indikator mit Hülfe einer im Laboratorium vorhandenen neuerdachten Einrichtung, bei der die Membran rasch auftretenden und verschwindenden Drücken bekannter Größe unterworfen wird, zu eichen. Es zeigten sich jedoch in dieser Hinsicht schon andere Schwierigkeiten. Bevor die einschlägigen Verhältnisse durch eingehende Untersuchungen nicht geklärt sind, kann der Ermittlung der indizierten Leistung aus dem photographischen Diagramm kein Wert beigelegt werden.

Der Motor saugt die zu seinem Betrieb erforderliche Luft selbsttätig an. Diese strömt aus dem Maschinenraum durch die Luftuhr und die Luftleitung nach dem Vergaser. Temperatur und Druck werden nach Austritt aus der Uhr gemessen. Unmittelbar vor dem Vergaser wird die Temperatur der angesaugten Luft nochmals und nach dem Vergaser die Temperatur des Benzindampf-Luftgemischs durch Thermometer bestimmt. Um einen Anhalt für die Druckverhältnisse im Vergaser und unmittelbar vor dem Einlaßventil zu gewinnen, wurde an beide Stellen ein Manometerrohr angeschlossen, das zur Erhöhung der Empfindlichkeit mit Wasser gefüllt war. Es sei jedoch hierbei bemerkt, daß die Angaben des Manometers nicht dem mittleren Druck gleichgeachtet werden dürfen, da der Motor infolge des Viertaktspieles in Pausen saugt, die dem Druckverlauf sinoidischen Charakter beilegen.

Die Temperatur der Abgase wurde nur nach Verlassen des Abgaskalorimeters bestimmt. Da sie außerordentlich tief (im Mittel 25° C) lag, konnte ein Quecksilberthermometer benutzt werden.

Besondere Erwähnung erfordert die Schmierung der Versuchsmaschine. Von einem Oelgefäß, dessen Ausflußmündung durch eine Schraube verstellt werden kann, fließt das Oel dem allseitig geschlossenen Kurbelgehäuse zu, das bis zu einer gewissen Höhe von ihm erfüllt wird. Durch die Fliehkraft des die Schwungscheiben benetzenden Oeles gelangt es an die Kolbengleitfläche und in den Explosionsraum des Zylinders, in dem es verbrennt. Der Einfachheit dieser Anordnung steht der Nachteil gegenüber, daß man ein Eindringen des Oeles in den Zylinder nicht vermeiden kann. Wenn der größere Oelbedarf, der durch diese Schmierung verursacht wird, bei genauen Versuchen auch nicht in Betracht kommt, so muß doch befürchtet werden, daß durch das verbrennende Oel eine Wärmemenge in den Kreisprozeß eingeführt wird, die einen Fehler in der Wärmebilanz hervorrufen kann. Um diesen Uebelstand nach Möglichkeit zu beseitigen, wurde der Oelzufluß gleichmäßig gehalten und das verbrauchte Oel von Zeit zu Zeit aus dem Kurbelgehäuse abgelassen.

Alle verstellbaren Teile des Motors waren mit mikrometrischen Stellvorrichtungen versehen, welche Zeiger trugen, deren Lage durch Skalen kenntlich gemacht war. Es war hierdurch möglich, den Motor jederzeit rasch und sicher auf gewisse Betriebsbedingungen wieder einzuregeln. Die verwendeten Thermometer waren sämtlich mit Normalthermometern des Instituts verglichen worden, welche die Physikalisch-Technische Reichsanstalt geeicht hatte.

Die Zündung des Motors erfolgt durch eine Zündkerze auf elektrischem Wege. Zu diesem Zwecke wird die Primärleitung des Induktors durch eine gegen eine Platinspitze liegende Feder in der durch das Viertaktspiel erforderlichen Zeitfolge unterbrochen. Dadurch entsteht in der Sekundärleitung ein Stromstoß, der an der Zündkerze das Ueberspringen eines Funkens zur Folge hat. Die Verwendung einer von De Dion-Bouton neu auf den Markt gebrachten Zündkerze, bei der das Ueberspringen des Funkens nicht zwischen zwei Drahtspitzen sondern über einen Ringspalt erfolgt, bewährte sich vorzüglich, sodaß ein Aussetzen der Zündung oder Verrußen des Zünders niemals festgestellt werden konnte. Die Feder trägt an dem einen Ende eine Rolle, die von einer Daumenscheibe gesteuert wird. Durch Drehen des Rollenzentrums um einen gewissen Winkel kann der Zeitpunkt des Unterbrechens und damit der Zündaugenblick geändert werden.

Da bei den Versuchen, durch welche der zeitliche Einfluß der Zündung auf den Arbeitsvorgang festgestellt werden sollte, die Kenntnis der Kurbelwinkel nötig war, bei denen bei einer gewissen Einstellung die Zündung erfolgte, so wurden diese auf folgende Weise ermittelt. In einen Stromkreis wurden eine Stromquelle, der Unterbrecher und ein Galvanoskop hintereinander geschaltet und der Bogen des Bremsscheibenumfangs gemessen, dessen Endpunkte durch die innere Totpunktlage des Kolbens und durch das Zurückgehen der Galvanoskopnadel in die Nullage gekennzeichnet waren. Bezeichnet b die Länge des Bogens, u den Umfang der Bremsscheibe in cm, so ergibt sich die Größe des Kurbelwinkels in Grad

$$a = 360 \frac{b}{u}.$$

Aus dem Diagramm, Fig. 8, das die Abhängigkeit des Kurbelwinkels von der Einstellung zeigt, geht hervor, daß die Zündung zwischen den Grenzen $-63°$ und $+40°$ verändert werden kann. Zur Erzielung einer rascheren Verdampfung

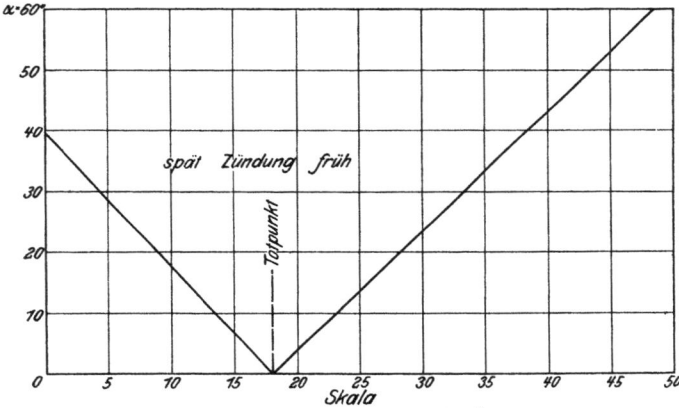

Fig. 8. Kurbelwinkel der Zündung.

läßt sich die zugeführte Luft durch Gasbrenner kurz vor dem Eintritt in den Vergaser bis gegen 100 °C anwärmen. Diese Einrichtung gestattete, den Verdampfungsvorgang zum Gegenstand einer besonderen Untersuchung zu machen.

Zur Zeitmessung wurden stets die Sekundenuhren des Instituts benutzt [1]).

II) Durchführung der Versuche.

Die Versuche wurden in Gruppen ausgeführt, bei denen nacheinander das Mischungsverhältnis, der Zündbeginn und die Vorwärmung der angesaugten Luft zum Kriterium gemacht wurden. Einer besonderen Betrachtung wurde mit Rücksicht auf den praktischen Betrieb die Regulierung des Motors für verschiedene Leistungen unterworfen.

---

[1]) Eine eingehende Beschreibung der Meßgeräte und Meßverfahren der Gasmaschinenabteilung des Laboratoriums findet man bei A. Nägel, Versuche an der Gasmaschine über den Einfluß des Mischungsverhältnisses, Berlin 1907. Zeitschrift des Vereines deutscher Ingenieure 1907 S. 1406.

Mit den Versuchen wurde stets erst begonnen, wenn sich der Motor längere Zeit im Beharrungszustande befand.

Eine Eigentümlichkeit aller Verbrennungskraftmaschinen, die mit flüssigen Brennstoffen arbeiten, besteht darin, daß ihr Wärmeverbrauch je nach der Einstellung des Vergasers für die gleichen Betriebsbedingungen verschieden ist. Da man für die günstigste Einstellung, die allein für den Vergleich in Betracht kommen kann, an der Maschine selbst kein äußeres Anzeichen hat, so ist man, um von Zufälligkeiten der Einstellung unabhängig zu sein, genötigt, dem Mischungsverhältnis von Brennstoffdampf und Luft erhöhte Bedeutung beizulegen. Die Eigenart des zur Maschine gelieferten Vergasers gestattete, das Mischungsverhältnis innerhalb gewisser Grenzen beliebig zu ändern. Daß dieser Spielraum im Vergleich zu dem von Gasen (Leuchtgas, Generatorgas) nur von geringer Ausdehnung ist, liegt in den chemischen und physikalischen Eigenschaften des Brennstoffes, worüber die im Anhang behandelten Versuche über die Zündgeschwindigkeit von Benzindampf-Luftgemischen Aufschluß geben. Durch Drosselung des Gemisches vor Eintritt in den Zylinder war man in der Lage, ohne Verstellung der Zündung den Motor bis zu halber Leistung herab arbeiten zu lassen. Die untere Grenze der Umlaufzahl lag ungefähr bei 1100 Uml./min. Sie konnte nicht unterschritten werden, ohne daß der Motor heftig zu stoßen begann. Diese Störung im Beharrungszustand findet seine Erklärung darin, daß beim Fallen der Umlaufzahl unter diese Grenze die Luftgeschwindigkeit an der Düse rasch sinkt. Da die Menge des mitgerissenen Benzins von dieser Geschwindigkeit abhängig ist, so müßte durch Verkleinern der Querschnitte die Luftgeschwindigkeit an der Düse gesteigert werden. Diese Möglichkeit war bei dem benutzten Vergaser nicht vorhanden. Da der Einfluß der Umlaufzahl in allen Fällen schon in dem Intervall von 1400 bis 1100 Uml./min klar erkennbar war, so wurde davon Abstand genommen, durch grundsätzliche Aenderungen am Vergaser dieses Bereich zu unterschreiten. Die Beschränkung auf diese Grenzen bot dagegen den großen Vorteil, daß der Beharrungszustand in den meisten Fällen vorzüglich war, sodaß größere Schwankungen in der Umlaufzahl selten eintraten.

Der Versuch wurde in folgender Weise ausgeführt. Nachdem der Vergaser und die Zündung eingestellt und die Schale der Bremswage mit dem für die Leistung erforderlichen Gewicht belastet worden waren, wurde der Motor in Betrieb gesetzt. Durch Einschalten der Erregung brachte man die Bremse zum Einspielen und beobachtete am Bifluidtachometer die Umlaufzahl. Je nach der Versuchsgruppe wurde die gewünschte Umlaufzahl durch Drosseln des Gemischs, durch Verstellen der Zündung oder durch Verändern der Hubdauer des Auspuffventils erhalten. Die Kühlwassermengen wurden so eingeregelt, daß das Kühlwasser den Zylindermantel im Mittel mit 50 °C, das Abgaskalorimeter mit 30 °C verließ. Für die Beurteilung des Beharrungszustandes gaben das Indikatordiagramm auf der Mattscheibe der Kamera, die Gleichmäßigkeit der Kühlwassertemperaturen und die Gleichgewichtlage der Bremse guten Anhalt.

Der Motor entnahm seinen Bedarf an Benzin stets dem auf der Dezimalwage stehenden Gefäß. Wenn der Beharrungszustand längere Zeit vorhanden war, wurde die Brennstoffwage annähernd austariert und die Zeit genau beobachtet, zu der die Wage durch die Gleichgewichtlage ging. Hierauf wurden 300 g auf die den Benzinbehälter tragende Tafel gelegt und der Zeitpunkt des erneuten Einspielens der Wage vermerkt. In dieser Weise wurde während der ganzen Dauer eines Versuches fortgefahren. Die Ablesungen am Umlaufzähler, an der Luftuhr, am Manometer und an sämtlichen Thermometern wurden von 5 zu 5 Minuten vorgenommen und die Messungen der Kühlwassermengen durch Wechselgefäße mit Spitzenmarken fortlaufend ausgeführt. 10 Sekunden vor Beginn der Ablesungen ertönte ein Glockenzeichen, dem zu Beginn ein einzelner Glockenschlag folgte. Für eine beobachtete Zeit wurde die Menge des Verbrennungswassers der Abgase in einem Meßglas durch Wägen bestimmt.

Der einzelne Versuch erstreckte sich meist über einen Zeitraum von mindestens 30 Minuten.

Die Versuchseinrichtung gestattete, daß sämtliche Verrichtungen von einem einzigen Beobachter ausgeübt werden konnten, wodurch der Genauigkeitsgrad der Versuche erhöht wurde.

III) Die physikalischen und chemischen Eigenschaften des Benzins.

Für die Beurteilung der vorliegenden Versuche ist die Kenntnis der physikalischen und chemischen Beschaffenheit des zum Betriebe verwendeten Brennstoffes von hervorragender Wichtigkeit. Da die Erdöldestillate keine chemisch einheitlichen Stoffe sind, so kann ihre Zusammensetzung nach Herkunft und Destillationsgrad wechseln.

Der Verbrennung im Motor geht bei den flüssigen Brennstoffen stets eine Verdampfung voraus. Fig. 9 zeigt die bei Atmosphärendruck aufgenommenen

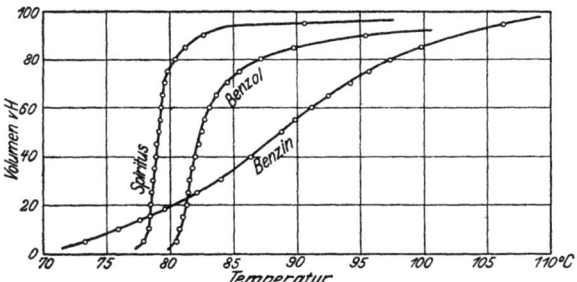

Spez. Gewicht: Benzin 0,719, Benzol 0,882, Spiritus 0,843.
Fig. 9. Verdampfungskurven.

Verdampfungskurven von Benzin, Benzol und Spiritus. Die Ordinate gibt das verdampfte Volumen in vH, die Abszisse die dabei vorhandene Temperatur des Dampfes an. Zwischen 70 und 110°C zeigt das Benzin eine außerordentlich gleichmäßige Verdampfung. Diese Eigenschaft ist bei seiner Verwendung zum Betriebe rasch laufender Fahrzeugmotoren von größter Bedeutung, da sie die erste Bedingung für gute Mischung und Zündung bildet. Aus dem Charakter der Kurve kann man auf die Art der im Benzin enthaltenen Kohlenwasserstoffe Hexan (Siedepunkt 68 °C) und Heptan (Siedepunkt 98 °C) schließen. Das spezifische Gewicht des Benzins wurde zu $\gamma = 0{,}719$ bei 15 °C bestimmt.

Da man zur Berechnung der zur Verbrennung von 1 kg Benzin notwendigen Luftmenge der Kenntnis der chemischen Zusammensetzung des Benzins bedarf, so wurde versucht, den Gehalt an Wasserstoff mit Hülfe des Kalorimeters von Junkers aus dem durch die Verbrennung gebildeten Kondensat zu ermitteln. Die Unkenntnis des Volumens der Abgase und demzufolge der Menge des von ihnen entführten Wasserdampfes machte eine genaue Bestimmung unmöglich, sodaß die Anwendung der organischen Elementaranalyse erforderlich war.

Zu dem Zwecke wurde dem Verbrennungsrohr, das mit Kupferoxyd als Oxydationsmittel beschickt war, unmittelbar ein kurzes an der einen Seite zugeschmolzenes, an der anderen mit einem doppelt durchbohrten Stopfen geschlossenes Glasrohr vorgeschaltet, in dem das mit einer genau gewogenen Benzinmenge gefüllte Sprengkügelchen Platz fand. Nachdem das Verbrennungsrohr gut ausgeglüht worden war, wurde das Sprengkügelchen zertrümmert. Der vorher getrocknete und gereinigte Luftstrom sättigt sich mit Benzindämpfen und gelangt in das Verbrennungsrohr, in dem der Kohlenstoff zu Kohlensäure und der Wasserstoff zu Wasserdampf verbrannt wird. Die Kohlensäure wurde im Kaliapparat, das gebildete Wasser im Chlorkalciumrohr bestimmt. Die Schnelligkeit der Verbrennung konnte durch einen Hahn, der die Luft drosselte, geregelt werden. Nach einstündiger Dauer wurde das Glasrohr, in dem sich das Sprengkügelchen befand, in ein siedendes Wasserbad gebrach, um die letzten Benzindämpfe überzuführen. Zum Schluß wurde Sauerstoff durch das Verbrennungsrohr geleitet, der die Rückstände von Kohlenstoff im Verbrennungsrohr vollständig verbrannte.

Mit Einhaltung aller Vorsichtsmaßregeln gab das Verfahren befriedigende Ergebnisse. Aus 3 Versuchen, bei denen 0,0825, 0,0733 und 0,0543 g Benzin verbrannt wurden, wurde eine mittlere Zusammensetzung des Benzins von 14,9 vH Wasserstoff und 85,1 vH Kohlenstoff berechnet.

Auf Grund dieser Zusammensetzung können für die Gewichteinheit folgende Werte bestimmt werden:

1) Die zur vollständigen Verbrennung chemisch erforderliche Luftmenge,
2) die Zusammensetzung der Verbrennungsgase, welche die vollständige Verbrennung mit der chemisch erforderlichen Luftmenge ergibt,
3) die spezifische Verbrennungswassermenge, die bei der Verbrennung entsteht.

Es gelten für H_2 und C folgende Verbrennungsgleichungen:

$$2\,H_2 + O_2 = 2\,H_2O$$
$$4 \text{ kg} + 32 \text{ kg} = 36 \text{ kg},$$
$$C_2 + 2\,O_2 = 2\,CO_2$$
$$24 \text{ kg} + 64 \text{ kg} = 88 \text{ kg}.$$

Hieraus findet man — die Raumteile bezogen auf $15°$ C und 1 at —

$$0{,}149 \text{ kg } H_2 + 0{,}909 \text{ cbm } O_2 = 1{,}818 \text{ cbm } H_2O$$
$$0{,}851 \text{ kg } C + 1{,}730 \text{ cbm } O_2 = 1{,}730 \text{ cbm } CO_2.$$

Für die Gewichteinheit Brennstoff ergibt sich

$$1 \text{ kg Benzin} + 2{,}639 \text{ cbm } O_2 = 1{,}730 \text{ cbm } CO_2 + 1{,}818 \text{ cbm } H_2O.$$

Hieraus folgt die theoretische Verbrennungsgleichung

$$1 \text{ kg Benzin} + 12{,}57 \text{ cbm Luft} = 1{,}730 \text{ cbm } CO_2 + 1{,}818 \text{ cbm } H_2O + 9{,}93 \text{ cbm } N_2.$$

Die spezifische Verbrennungswassermenge ist

$$w = \frac{1{,}818 \cdot 18}{24{,}4} = 1{,}341 \text{ kg}\,[1]).$$

Die Heizwertbestimmung wurde im Kalorimeter von Junkers ausgeführt. Die Ergebnisse sind in der Zahlentafel 2 zusammengestellt.

---
[1]) »Hütte« 1905 S. 293.

Zahlentafel 2.

bezogen auf 1 kg Benzin
- oberer Heizwert bei Versuch a) . . 10896 WE
- » » » » b) . . 10830 »
- » » » » c) . . 10865 »
- Mittelwert 10864 »
- Menge des Verbrennungswassers . . 1,171 kg
- entsprechende Verdampfungswärme . 703 WE
- unterer Heizwert . . . . 10160 »

mittlere Abgastemperatur . . . . 25,6 °C
» Raumtemperatur . . . . 20,6 »
relative Feuchtigkeit der Luft . . . . 91,3 vH.

Bei Berechnung der in den Kreisprozeß eingeführten Wärmemenge wurde stets der kalorimetrisch gefundene Wert $H_u = 10160$ WE/kg zugrundegelegt.

Die Kenntnis des spezifischen Volumens des Benzindampfes erforderte die Bestimmung der Dampfdichte. Diese wurde nach dem Luftverdrängungsverfahren von V. Meyer ausgeführt.

Ein längliches Glasgefäß, »die Birne«, wurde durch ein siedendes Anilinbad auf gleichbleibender Temperatur gehalten. An die Birne schloß sich ein langes Rohr von geringem Durchmesser an, das in der Nähe des oberen Endes einen seitlichen Ansatz trägt, der in einer pneumatischen Wanne endigte, in die ein mit Wasser gefüllter, oben geschlossener Meßzylinder tauchte. Nachdem Temperaturgleichheit eingetreten war, wurde ein mit Benzin gefülltes Sprengkügelchen in die Birne gebracht und die durch Verdampfen verdrängte Luftmenge im Meßzylinder gemessen. Ist p der Druck, v das Volumen, t die Temperatur, h die Höhe der Wassersäule im Meßzylinder nach dem Verdampfen, so erhält man für die Dampfdichte, bezogen auf Luft:

$$d = \frac{s}{s'},$$

wobei s das Gewicht des Volumens v des Benzindampfes bei t und p, und s' das Gewicht des gleichen Volumens Luft bei t und p ist. Auf $0°$ C und 760 mm Q.-S. umgerechnet, ergibt sich

$$s' = \frac{0,001293}{1 + 0,00367\,t} \frac{p}{760} v.$$

Der Druck, unter dem die Luft in der Meßröhre steht, ist

$$p = p_b - \frac{h}{13,6} - p_d,$$

wobei p_b den Atmosphärendruck und p_d die Spannung des Wasserdampfes in mm Q.-S. bei t °C bedeutet. Durch Substitution erhält man für die Dampfdichte den Ausdruck

$$d = 587\,800 \frac{s}{v} \frac{1 + 0,00367\,t}{p_b - \frac{h}{13,6} - p_d}.$$

Die ermittelten Werte sind in der Zahlentafel 3 angeführt.

Zahlentafel 3.

Versuch	I	II
Raumtemperatur	18,5 °C	18,6 °C
Badtemperatur	178 °C	176 °C
Barometerstand	$p_b = 739,4$ mm Q.-S.	$p_b = 743,2$ mm Q.-S.
	$s = 0,1225$ g Benzin	$s = 0,1129$ g Benzin
	$v = 29,5$ ccm Luft	$v = 26,7$ ccm Luft
	$t = 21,5$ °C	$t = 19,1$ °C
	$h = 98$ mm W.-S.	$h = 110$ mm W.-S.
	$p_d = 19,3$ mm Q.-S.	$p_d = 16,3$ mm Q.-S.
	$d = 3,69$	$d = 3,69$.

Diese auf atmosphärische Luft bezogene Dichte ergibt das scheinbare Molekulargewicht des Benzindampfes

$$\mu = 3{,}69 \cdot 29{,}0 = 107.$$

Unter Annahme der Gültigkeit des Mariotte-Gay-Lussacschen Gesetzes, die, wie später gezeigt wird, bei den kleinen Drücken sicher gerechtfertigt ist, berechnet sich die Gaskonstante zu

$$R = \frac{848}{\mu} = 7{,}93,$$

und das spezifische Volumen bei 15 °C und 1 at zu

$$v = \frac{7{,}93 \cdot 288}{10\,000} = 0{,}228 \text{ cbm/kg}.$$

Die Verbrennung des Benzins hat, wie die Verbrennung aller Kohlenwasserstoffe der Paraffinreihe von der Zusammensetzung $C_n H_{2n+2}$, bei gleichem Druck und gleicher Temperatur vor und nach der Verbrennung eine Vergrößerung der Molekülzahl zur Folge. Aus dem Verhältnis der Volumina nach und vor der Verbrennung ergibt sich der Dilatationskoeffizient

$$\Delta = 1{,}051.$$

Die Raumvergrößerung bei der Verbrennung der Gewichteinheit Brennstoff beträgt

$$\Delta v = 13{,}478 - 12{,}798 = 0{,}680 \text{ cbm/kg}.$$

Aus der Elementaranalyse und dem Verdampfungsversuch konnte bereits geschlossen werden, daß das Benzin in der Hauptsache aus Heptan und Hexan zusammengesetzt war. Ueber die Spannkräfte dieser beiden Kohlenwasserstoffe geben die Messungen von Ramsay und Young[1]) Aufschluß. Da nach den Erfahrungen der Physik jedoch keine allgemein gültigen Beziehungen zwischen der Spannung der Dämpfe eines Flüssigkeitsgemisches und seiner Komponenten[2]) bestehen, so musste die Spannungskurve des Benzindampfes durch Versuch bestimmt werden.

Für die Zwecke vorliegender Arbeit genügte die Bestimmung der Spannungen, die unterhalb des atmosphärischen Druckes lagen. Aus diesem Grunde wurde eine beliebige Menge flüssigen Benzins im Vakuum eines Barometerrohrs verdampft, wobei nur beachtet werden musste, daß Benzin stets im Ueberschuß vorhanden war, und mittels eines Kathetometers die Höhe der Quecksilbersäule und damit der Druck gemessen, der einer bestimmten Temperatur zugeordnet war. Die Temperatur konnte durch ein Wasserbad, das in einem Glasmantel das Barometerrohr umgab, innerhalb weiter Grenzen geändert werden. Zur Erzielung einer möglichst gleichmäßigen Temperatur des Bades wurde der Mantel vor jedem Versuch entleert und mit Wasser von der gewünschten Temperatur gefüllt. An verschiedenen Stellen eingehängte Thermometer zeigten nur geringfügige Abweichungen, die mit Rücksicht auf den Genauigkeitsgrad des Verfahrens vernachlässigt werden konnten. Die Zahlentafel 4 gibt die ermittelten Werte. Die Spannungen bei 0 °C und 3,1 °C wurden, da die Beobachtungen im Winter stattfanden, in freier Luft ausgeführt.

Zahlentafel 4.

Temperatur °C	0	3,1	10,4	16,3	18,6	23,1	28,4	34,0	40,2	46,8
Dampfspannung mm Q.-S.	55	60	78	98	106	128	153	178	220	275

Temperatur °C	54,4	61,2	70,2	77,0	82,6	92,0
Dampfspannung mm Q.-S.	343	424	522	590	654	760.

---

[1]) Landolt und Börnstein 1905 S. 137.
[2]) Chwolson, Lehrbuch der Physik 1905 Bd. 3 S. 640. Kuenen, Verdampfung und Verflüssigung von Gemischen, Leipzig 1906.

Die Erzeugungswärme von 0 °C an gerechnet für 1 kg bei Verdampfen unter Atmosphärendruck beträgt für

Heptan C_7H_{16} Siedepunkt 98 °C $\lambda = 0{,}5 \cdot 98 + 74{,}0 = 123$ WE/kg
Hexan C_6H_{14} » 68 °C $\lambda = 0{,}5 \cdot 68 + 79{,}4 = 113$ » [1]).

Man wird hiernach von der Wirklichkeit sicher nicht viel abweichen, wenn man die Erzeugungswärme des Benzindampfes zu

$$\lambda = 120 \text{ WE·kg}$$

annimmt. Da die spezifische Wärme des flüssigen Benzins 0,50 gesetzt werden darf und aus der Spannungskurve der Siedepunkt unter Atmosphärendruck 92 °C bestimmt ist, so ist die Verdampfungswärme

$$r = \lambda - q = 120 - 0{,}50 \cdot 92 = 74 \text{ WE/kg}.$$

Das oben angegebene Verfahren zur Bestimmung der Dampfspannung versagt bei Temperaturen unter 0 °C. Da eine graphische Extrapolation gewagt erscheinen könnte, anderseits aber wegen Ermittlung der Sättigungstemperaturen von Benzindampf und Luft, die für den Verdampfungsvorgang im Vergaser und Motor von hoher Bedeutung sind, die Bestimmung der Dampfspannungen bei niedrigen Temperaturen nicht zu umgehen war, so wurden diese mit Hülfe der Clapeyronschen Gleichung, die eine wichtige Beziehung zwischen der Verdampfungswärme und der Aenderung des Dampfdruckes mit der Temperatur liefert, und der Zustandsgleichung berechnet. Es bezeichnet

v das spezifische Volumen des gesättigten Benzindampfes in cbm/kg,
v' das spezifische Volumen der Flüssigkeit in cbm/kg,
P den Druck in kg/qm,
r die Verdampfungswärme in WE/kg bei der absoluten Temperatur T.

Dann gilt ganz allgemein

$$A(v - v')\,dP = \frac{r}{T}\,dT$$

und
$$Pv = RT.$$

Da man v' gegen v vernachlässigen und v mit hinreichender Genauigkeit aus den Gasgesetzen berechnen kann, so wird

$$\frac{dP}{P} = \frac{r}{AR}\frac{dT}{T^2}.$$

Setzt man die Temperaturfunktion r in erster Annäherung unveränderlich und $AR = \dfrac{2}{\mu}$, so kann man über ein nicht zu großes Temperaturintervall integrieren, und man erhält

$$\int_{P_1}^{P_2} \frac{dP}{P} = \frac{\mu \cdot r}{2}\int_{T_1}^{T_2}\frac{dT}{T^2},$$

woraus folgt

$$\ln P_1 = \ln P_2 - \frac{\mu \cdot r}{2}\frac{T_2 - T_1}{T_1 T_2}.$$

Auf diese Weise wurden von 0 °C ausgehend die Dampfspannungen in Zwischenräumen von 10 °C bis zu −40 °C ermittelt. Die Werte gibt die Zahlentafel 5.

Zahlentafel 5.

t^0	T_1^0	T_2^0	P_2 kg/qm	P_1 kg/qm	p_1 mm Q.-S.
0	273				
−10	263	273	747	430	31,6
−20	253	263	430	237	17,4
−30	243	253	237	125	9,2
−40	233	243	125	62	4,6

---

[1]) Landolt und Börnstein 1905 S. 402, 476.

In Fig. 10 sind die Spannungskurven des Benzins und seiner hauptsächlichsten Bestandteile C_5H_{12}, C_6H_{14}, C_7H_{16}, letztere nach den Beobachtungen von Ramsay und Young dargestellt.

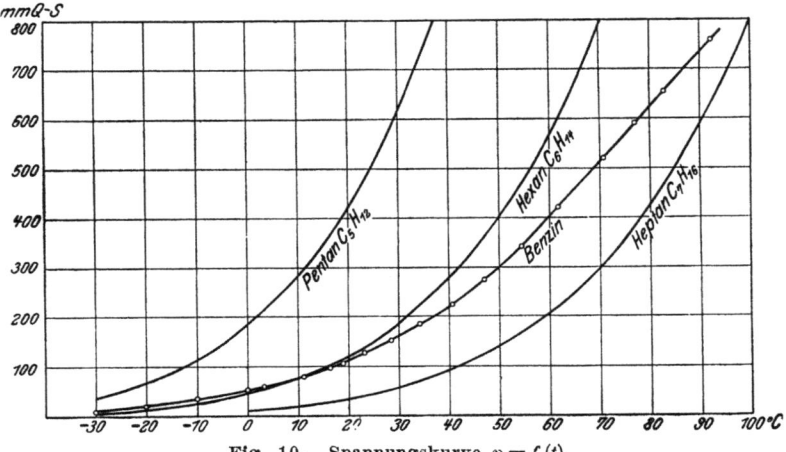

Fig. 10. Spannungskurve $p = f(t)$.

IV) Analytische und graphische Darstellung der Versuchsreihen.

Bevor auf den Einfluß der einzelnen Versuchsbedingungen eingegangen wird, soll der Berechnungsgang allgemein dargelegt werden.

Die durch die Versuche gewonnenen Messungen sind sämtlich auf die Stunde umgerechnet und in der Zahlentafel 6 zusammengestellt worden. Für den Luftverbrauch des Motors (Spalte 5) ist der Ansaugezustand der Luft maßgebend. Da dieser den Schwankungen der Atmosphäre unterworfen ist, so ist der Luftbedarf für die Gewichteinheit Benzin (Spalte 6) auf 15 °C und 1 at umgerechnet angegeben. Durch die Elementaranalyse war bereits festgestellt worden, daß die zur vollkommenen Verbrennung chemisch erforderliche Luftmenge 12,57 cbm/kg beträgt. Zu dieser Größe ist der durch die Luftuhr bestimmte, auf 15 °C und 1 at bezogene spezifische Luftverbrauch ins Verhältnis gesetzt, sodaß der Quotient $\frac{L}{L_{chem}} = 1$ dem chemischen Mischungsverhältnis entspricht. Spalte 7 gibt somit einen Einblick, ob die Verbrennung bei Luftüberschuß oder Luftmangel stattfindet. Die effektive Leistung wird nach der auf Seite 11 gegebenen Beziehung aus Bremsbelastung und Umlaufzahl berechnet.

In den Kreisprozeß wird in der Stunde die Wärmemenge $W = GH_u$ in WE eingeführt. Diese besteht aus

1) der effektiven Leistung $Q_e = 632{,}3\, N_e$ (Spalte 12),
2) der an den Kühlmantel abgegebenen Wärme Q_k (Spalte 13)
3) der in den Abgasen enthaltenen Wärme Q_z (Spalte 14) und
4) dem Rest $Q_r = W - Q_e - Q_k - Q_z$ (Spalte 15),

Da die indizierte Leistung nicht bestimmt wurde, so enthält Q_r außer der sich auf Strahlung, unvollkommene Verbrennung und Meßfehler beziehenden Wärme die Reibungsarbeit des Motors im Wärmemaß.

Den Versuchen ist stets der untere Heizwert des Benzins zugrundegelegt; infolgedessen ist für Q_z die Kondensationswärme des in den Abgasen enthaltenen Wasserdampfes in Abzug zu bringen. Es ist mithin

$$Q_z = k \Delta t - 600\, W_{kond},$$

wobei

> k die Kühlwassermenge des Abgaskalorimeters in kg/st
> Δt die Temperaturdifferenz in °C und
> W_{kond} das Verbrennungswasser in kg/st (Spalte 8)

bedeutet. In Spalte 9 ist die Menge des Kondensats auf die Gewichteinheit Brennstoff bezogen. Die Spalten 16 bis 19 geben die Wärmeabfuhr Q in Bruchteilen der Gesamtwärme W an. Von besonderer Wichtigkeit ist außer dem Wärmeverbrauch für 1 PS$_e$-st (Spalte 21) der thermische Wirkungsgrad, bezogen auf die effektive Leistung, der zu ihm im reziproken Verhältnis steht (Spalte 16). Er gibt unmittelbar in vH an, wieviel von der gesamten dem Motor zugeführten Wärme in Nutzarbeit umgesetzt wird.

Für die Leistung der Maschine ist der Lieferungsgrad η_λ maßgebend. Er ist bestimmt durch das Verhältnis der in der Stunde angesaugten Luft- und Benzinmengen bei Druck und Temperatur der Atmosphäre zu dem Saughubvolumen des Zylinders. Bezeichnet L das Luftvolumen, B das Volumen des Benzindampfes in cbm/st, n die Umlaufzahl i. d. min, so ist mit Rücksicht auf das Hubvolumen $V_h = 942{,}7 \cdot 10^{-6}$ cbm der Lieferungsgrad

$$\eta_\lambda = 35{,}36 \frac{L+B}{n}.$$

Da das flüssige Benzin erst im Vergaser seinen Aggregatzustand ändert, so kann η_λ genau nur unter Annahme vollständigen Verdampfens bestimmt werden. Diese Voraussetzung trifft indessen, wie später gezeigt wird, in den meisten Fällen nicht zu. Es ist deshalb das Volumen des Benzindampfes vernachlässigt, d. h. $B = 0$ gesetzt worden. Diese Annahme erscheint um so eher statthaft, als die angesaugte Luft durch das vergasende Benzin gekühlt wird, der Motor mithin infolge der Erniedrigung der Temperatur mit einem größeren Lieferungsgrad arbeitet. Es geht hieraus hervor, daß auch ohne Berücksichtigung des Volumens des Benzindampfes der Einfluß des Brennstoffes auf die angesaugte Luftmenge und damit auf den Lieferungsgrad zum Ausdruck kommt. Ueber die Größenordnung des Unterschiedes gibt die folgende Betrachtung Aufschluß.

Für Versuch 1 ist mit $n = 1344{,}7$ Uml./min die angesaugte Luftmenge $L = 15{,}46$ cbm/st bei 16,1 °C und 749,5 mm Q. S. Das Volumen des Benzindampfes ist für gleichen Druck und gleiche Temperatur

$$B = \frac{1{,}416 \cdot 7{,}93 \cdot 289{,}1}{\frac{749{,}5}{737} \cdot 10000} = 0{,}32 \text{ cbm/st.}$$

Der Lieferungsgrad η_λ beträgt mithin, bezogen auf Luft:

$$\eta_{\lambda L} = 0{,}407,$$

bezogen auf das Gemisch:

$$\eta_{\lambda L+B} = 0{,}414.$$

Er ist im zweiten Fall um $\frac{0{,}414 - 0{,}407}{0{,}407} \cdot 100 = 1{,}7$ vH höher. Da das Benzin aber zum Teil noch im zerstäubten Zustand in den Zylinder eintritt, so wird sich der erste Wert der Wirklichkeit mehr nähern. Er ist für sämtliche Versuche in Spalte 22 enthalten.

Ein Maß für die spezifische Leistung der Maschine bietet der mittlere effektive Druck p_e in at. Je größer p_e ist, desto besser ist für die gleiche Umlaufzahl das Zylindervolumen ausgenutzt. Bezeichnet F die Kolbenfläche in qcm,

Zahlen-

1	2	3	4	5	6	7	8	9	10	11	12	13	14	15
											stündliche Wärmemenge, abgeführt in			
Versuchsnummer	minutliche Umlaufzahl	effektive Leistung	Brennstoffverbrauch in der Stunde	Luftverbrauch in der Stunde	Luftverbrauch (15°, 1 at) für 1 kg Benzin	Mischungsverhältnis	Verbrennungswasser in der Stunde	spezifisches Verbrennungswasser	stündlicher Kühlwasserverbrauch für 1 PSe	Wärmeverbrauch W in der Stunde	der effektiven Leistung	dem Kühlwasser	den Auspuffgasen	Reibung, Strahlung usw.
	n	N_e PS	kg	cbm	cbm	$\dfrac{L}{L_{chem}}$	kg	kg	kg	WE	Q_e WE	Q_k WE	Q_z WE	Q_r WE
1	1344,7	3,379	1,416	15,46	11,05	0,879	1,530	1,081	38,32	14 400	2134	5242	4130	2894
2	1337,3	3,356	1,355	16,43	12,45	0,990	1,519	1,120	41,81	13 770	2120	5595	5449	606
3	1334,9	3,351	1,336	16,90	12,89	1,024	1,599	1,198	41,49	13 592	2119	5638	5185	650
4	1342,3	3,389	1,339	17,16	13,01	1,035	1,600	1,197	39,71	13 605	2140	5692	5167	606
5	1335,3	3,352	1,329	17,09	13,08	1,040	1,601	1,206	43,01	13 508	2120	5568	5607	213
6	1364,3	3,426	1,390	19,55	14,34	1,140	1,676	1,206	41,86	14 128	2164	5788	5301	875
7	1345,4	3,381	1,411	20,21	14,76	1,175	1,729	1,233	43,87	14 358	2139	5504	5501	1124
8	1269,0	3,445	1,454	14,41	10,20	0,812	1,550	1,066	37 31	14 770	2182	5103	3913	3572
9	1220,7	3,329	1,330	14,29	11,15	0,888	1,580	1,189	37,09	13 525	2101	5277	4255	1892
10	1259,3	3,430	1,279	15,25	12,35	0,983	1,571	1,230	36,10	13 002	2168	5361	4926	547
11	1250,7	3,410	1,192	15,20	13,10	1,042	1,531	1,283	35,20	12 124	2154	5157	4917	−104
12	1254,7	3,419	1,211	17,25	14,59	1,160	1,571	1,299	35,22	12 308	2159	5042	5135	−28
13	1146,7	3,369	1,436	13,20	9,61	0,766	1,359	0,946	32,22	14 608	2129	4681	3525	4273
14	1164,3	3,418	1,419	13,56	9,82	0,781	1,401	0,987	34,09	14 430	2159	4706	3590	3975
15	1164,3	3,420	1,414	13,45	9,92	0,789	1,312	0,928	29,79	14 365	2161	4681	3381	4142
16	1148,8	3,371	1,217	14,31	11,88	0,945	1,582	1,300	40,94	12 374	2130	5384	3854	1006
17	1172,0	3,442	1,214	13,86	12,01	0,955	1,504	1,240	33,34	12 342	2175	5058	4180	929
18	1119,7	3,601	1,357	14,46	10,52	0,840	1,400	1,031	33,91	13 802	2279	4852	3871	2800
19	1101,7	3,570	1,257	14,54	11,36	0,904	1,479	1,178	31,80	12 788	2257	4750	3804	1977
20	1101,7	3,575	1,256	14,65	11,45	0,911	1,411	1,126	35,49	12 790	2260	4819	3919	1792
21	1335,0	4,165	2,190	19,06	8,64	0,688	1,838	0,839	29,15	22 284	2627	5221	4437	9999
22	1359,0	4,230	1,695	18,92	11,10	0,884	1,701	1,004	30,44	17 225	2671	5615	4899	4010
23	1340,0	4,170	1,579	20,21	12,71	1,013	1,715	1 086	31,86	16 058	2633	5800	5426	2199
24	1335,7	4,161	1,559	21,52	13,71	1,092	1,739	1,116	31,72	15 850	2630	5858	6511	851
25	1078,3	4,690	1,946	19,05	10,01	0,800	1,940	0,998	28,87	19 800	2963	6140	4984	5713
26	1072,7	4,669	1,943	19,20	10,13	0,809	1,986	1,021	29,10	19 750	2950	6240	4997	5563
27	1058,0	4,851	2,000	20,11	10,28	0,818	2,016	1,009	30,04	20 322	3069	6482	5149	5622
28	1431,7	5,220	1,950	21,59	11,42	0,911	2,280	1,169	31,39	19 832	3300	6439	6052	4041
29	1381,0	5,038	1,714	20,69	12,12	0,967	2,018	1,177	29,54	17 420	3180	6380	6421	1439
30	1356,7	5,041	1,716	20,90	12,15	0,968	2,030	1,180	32,37	17 455	3189	6839	5762	1665
31	1460,7	5,320	1,669	21,27	13,15	1,049	2,199	1,318	34,30	16 960	3361	6938	6223	438
32	1327,3	4,931	1,530	20,31	13,24	1,054	1,939	1,266	32,00	15 560	3119	6762	5633	46
33	1323,0	4,912	1,468	20,34	13,80	1,100	1,896	1,291	31,90	14 925	3107	6500	5611	−293
34	1323,7	4,914	1,539	21,54	14,00	1,116	1,856	1,209	28,50	15 645	3104	6238	5907	396
35	1384,7	5,042	1,564	23,69	15,63	1,248	1,910	1,220	29,90	15 942	3189	6140	6875	238
36	1237,5	4,948	2,355	21,26	9,20	0,733	1,931	0,840	26,90	23 940	3124	5922	5127	9767
37	1272,3	5,081	1,841	20,21	11,20	0,891	1,889	1,022	26,91	18 724	3211	6122	5625	3766
38	1213,0	4,847	1,554	19,61	12,90	1,028	1,809	1,161	29,46	15 802	3121	6120	5524	1037
39	1133,3	4,931	2,137	21,52	10,18	0,810	2,105	0,985	32,80	21 708	3120	6665	5997	5926
40	1161,0	5,058	2,163	22,39	10,43	0,831	2,427	1,121	33 40	22 000	3193	7615	5978	5214
41	1147,3	4,990	2,112	22,22	10,58	0,841	2,424	1,150	33,77	21 469	3151	7447	5868	5030
42	1147,7	4,992	2,042	21,95	10,84	0,864	2,248	1,100	33,61	20 795	3156	7038	5779	4822
43	1399,0	5,980	1,820	22,82	12,57	1,000	2,070	1,139	27,60	18 508	3780	6756	7042	930
44	1387,5	5,940	1,795	22,60	12,74	1,013	2,092	1,167	28,10	18 250	3752	7050	6807	641
45	1354,0	5,787	1,681	22,82	13,74	1,093	2,001	1,190	26,68	17 108	3660	6581	6321	546
46	1246,7	5,780	2,400	22,82	9,73	0,775	2,230	0,930	29,59	24 402	3651	7130	6132	7489
47	1256,7	5,822	2,089	22,89	11,20	0,891	2,203	1,056	28,49	21 215	3681	7360	6659	3515
48	1254,0	5,802	1,823	23,31	13,08	1,040	2,152	1,181	28,74	18 545	3639	7285	7149	442
49	1146,5	6,082	2,291	22,07	9,70	0,772	2,159	0,941	25,09	23 304	3847	6519	5956	6982
50	1182,5	6,275	2,269	21,90	9,73	0,775	2,131	0,940	23,20	23 072	3967	6280	6231	6594

tafel 6.

16	17	18	19	20	21	22	23	24	25	26	27
Wärmeabfuhr Q in Bruchteilen der Gesamtwärme W				stündlicher Benzinverbrauch für 1 PS$_e$	stündlicher Wärmeverbrauch für 1 PS$_e$	Lieferungsgrad, bezogen auf Luft	mittlerer effektiver Druck	Temperatur des Gemisches vor dem Einlaßventil	Unterdruck vor dem Einlaßventil	Temperatur der Abgase nach Kalorimeter	Bremsbelastung
effektive Leistung q_e	Kühlwasser q_k	Auspuffgase q_a	Reibung, Strahlung q_r								
				kg	WE	η_λ	p_e at	°C	cm W.-S.	°C	kg
0,148	0,364	0,287	0,201	0,4200	4262	0,407	2,399	9,5	46	23,9	4,000
0,154	0,406	0,396	0,044	0,4040	4096	0,434	2,392	3,4	46	26,9	4,000
0,156	0,414	0,382	0,048	0,3990	4050	0,448	2,398	3,9	42	26,1	4,000
0,158	0,418	0,380	0,044	0,3956	4016	0,450	2,399	5,2	43	26,8	4,000
0,157	0,412	0,415	0,016	0,3962	4024	0,452	2,396	4,5	44	26,9	4,000
0,153	0,409	0,376	0,062	0,4060	4121	0,507	2,398	3,9	38	26,9	4,000
0,149	0,384	0,389	0,078	0,4178	4246	0,531	2,399	2,4	41	27,6	4,000
0,148	0,346	0,265	0,241	0,4220	4281	0,402	2,594	2,5	59	21,4	4,300
0,156	0,390	0,314	0,140	0,4000	4061	0,412	2,600	4,1	65	24,7	4,300
0,167	0,412	0,379	0,042	0,3730	3781	0,429	2,600	6,4	62	26,7	4,300
0,177	0,425	0,405	-0,007	0,3500	3552	0,426	2,620	5,6	59	26,0	4,300
0,175	0,409	0,416	0,000	0,3549	3602	0,485	2,599	5,7	54	26,4	4,300
0,146	0,320	0,241	0,293	0,4270	4336	0,407	2,800	11,8	47	23,4	4,600
0,149	0,326	0,249	0,276	0,4154	4222	0,411	2,800	3,9	56	25,1	4,600
0,150	0,326	0,236	0,288	0,4137	4203	0,408	2,802	16,3	47	23,5	4,600
0,172	0,435	0,312	0,081	0,3611	3670	0,440	2,801	5,9	60	24,5	4,600
0,176	0,410	0,339	0,075	0,3527	3582	0,418	2,802	3,8	59	23,9	4,600
0,165	0,352	0,280	0,203	0,3770	3831	0,456	3,070	12,7	49	23,0	5,000
0,176	0,372	0,298	0,154	0,3524	3581	0,466	3,090	11,7	46	22,5	5,030
0,177	0,377	0,306	0,140	0,3519	3572	0,469	3,090	10,9	46	23,2	5,030
0,118	0,234	0,199	0,449	0,5270	5360	0,504	2,979	3,6	52	22,5	4,850
0,155	0,326	0,284	0,235	0,4008	4072	0,490	2,969	7,2	48	23,9	4,850
0,164	0,361	0,338	0,137	0,3786	3850	0,533	2,970	8,7	48	27,9	4,850
0,166	0,370	0,411	0,053	0,3741	3809	0,570	2,971	8,6	44	25,8	4,850
0,150	0,310	0,251	0,289	0,4151	4220	0,626	4,151	15,5	43	22,1	6,600
0,149	0,316	0,253	0,282	0,4161	4235	0,632	4,151	11,9	44	22,3	6,600
0,151	0,319	0,253	0,277	0,4121	4191	0,672	4,379	6,5	43	21,9	6,800
0,167	0,324	0,305	0,204	0,3739	3799	0,531	3,470	5,4	44	25,5	5,600
0,183	0,366	0,368	0,083	0,3405	3461	0,529	3,470	6,1	27	25,7	5,600
0,183	0,392	0,331	0,094	0,3409	3450	0,545	3,548	4,5	44	23,5	5,700
0,198	0,367	0,409	0,026	0,3139	3191	0,515	3,478	7,4	47	24,9	5,600
0,200	0,435	0,362	0,003	0,3105	3154	0,541	3,544	5,3	41	23,6	5,700
0,208	0,435	0,376	-0,019	0,2989	3039	0,543	3,544	5,1	42	23,2	5,700
0,198	0,398	0,378	0,026	0,3131	3182	0,575	3,541	4,6	37	23,0	5,700
0,200	0,385	0,400	0,015	0,3100	3154	0,605	3,462	6,9	38	24,1	5,600
0,131	0,248	0,214	0,407	0,4761	4840	0,607	3,811	8,0	51	23,8	6,100
0,171	0,327	0,300	0,202	0,3620	3680	0,561	3,810	4,9	35	24,3	6,100
0,198	0,387	0,350	0,065	0,3208	3261	0,571	3,890	4,7	39	23,8	6,100
0,144	0,307	0,276	0,273	0,4330	4404	0,670	4,151	4,9	28	23,6	6,600
0,145	0,347	0,271	0,237	0,4284	4354	0,679	4,149	5,6	23	23,3	6,600
0,147	0,346	0,273	0,234	0,4237	4310	0,687	4,149	5,3	23	23,6	6,600
0,152	0,339	0,278	0,231	0,4096	4159	0,676	4,150	5,2	24	23,5	6,600
0,204	0,365	0,380	0,051	0,3045	3099	0,568	4,080	4,8	25	27,5	6,500
0,206	0,386	0,374	0,034	0,3021	3072	0,576	4,082	3,2	28	26,6	6,500
0,214	0,384	0,370	0,032	0,2907	2955	0,596	4,081	4,5	22	27,2	6,500
0,150	0,292	0,251	0,307	0,4152	4224	0,648	4,421	4,3	41	23,7	7,000
0,173	0,347	0,314	0,166	0,3582	3641	0,644	4,421	6,1	37	24,4	7,000
0,198	0,393	0,385	0,024	0,3140	3191	0,656	4,440	6,7	34	24,9	7,000
0,165	0,280	0,256	0,299	0,3769	3831	0,680	5,060	3,2	22	24,9	7,950
0,172	0,272	0,270	0,286	0,3618	3679	0,654	5,060	2,1	24	24,9	7,950

s den Hub in m, n die Umlaufzahl i. d. min, so gilt unter der Annahme, daß der Motor keine Aussetzer macht, für die effektive Leistung in PS

$$N_e = \frac{p_e F s \frac{n}{2}}{60 \cdot 75},$$

woraus folgt

$$p_e = 954 \frac{N_e}{n}.$$

A) Einfluß des Mischungsverhältnisses.

Bei den Versuchen dieser Gruppe sollte der Einfluß des Mischungsverhältnisses auf den Arbeitsvorgang für das wichtigste Arbeitsbereich des Motors zum Ausdruck kommen. Demzufolge wurden Versuche bei halber, dreiviertel und voller Belastung angestellt. Innerhalb jeder Stufe wurde die Umlaufzahl für die einzelnen Versuchsreihen geändert, soweit der Verdampfungsvorgang an der Düse das ohne Störung des Beharrungszustandes zuließ.

Die Versuche 1 bis 20 umfassen das Gebiet, für das die effektive Leistung $N_e = 3,4$ PS unverändert gehalten wurde. Da die Umlaufzahl zwischen den Grenzen 1350 und 1100 lag, so kommt jeder Versuchsreihe wegen der Gleichheit der Leistung ein anderes Drehmoment und demzufolge ein anderer mittlerer effektiver Druck zu.

Es wurde hierbei so verfahren, daß man auf die Schale der Bremswage das Gewicht legte, welches die gewünschte effektive Leistung bei einer bestimmten Umlaufzahl erforderte, und hierauf das Gemisch durch die Drosselklappe soweit drosselte, bis sich die Bremswage im Gleichgewicht befand. Die Zündung blieb für alle Versuche auf der durch einen Vorversuch gefundenen günstigsten Einstellung. Es wurde demnach für jede Versuchsreihe nur das relative Verhältnis der Eröffnungsquerschnitte der beiden sich im Vergaser teilenden Luftströme (vergl. S. 4) und damit das Mischungsverhältnis von Brennstoffdampf und Luft geändert.

In dem Diagramm Fig. 11 ist der Wärmeverbrauch für 1 PS_e-st als Funktion des Mischungsverhältnisses aufgetragen. Dieses wird nach Maßgabe der auf Seite 16 gegebenen Erläuterung durch den Quotienten $\frac{L}{L_{chem}}$ dargestellt.

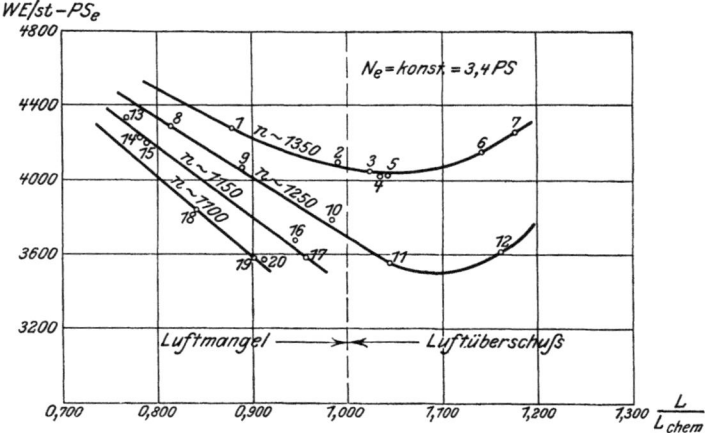

Fig. 11. Einfluß des Mischungsverhältnisses.

Man erkennt schon aus diesen Versuchen, daß das Mischungsverhältnis zwischen Benzindampf und Luft nur verhältnismäßig enge Grenzen umfaßt. Die untere Grenze — Versuche bei Luftmangel — hätte noch weiter unterschritten werden können. Es hätte jedoch keinen Sinn gehabt, die Versuche nach dieser Richtung hin auszudehnen, da die Gesetzmäßigkeit in dem behandelten Bereich zum Ausdruck kam und man wegen Abnahme des Wärmeverbrauchs immer darnach streben wird, dem Brennstoffdampf mindestens die chemisch erforderliche Luftmenge zur Verfügung zu stellen. Die obere Grenze war durch das Aufhören der Zündfähigkeit des Gemisches gegeben. Schon bei den Versuchen 7 und 12 traten bisweilen Störungen im Beharrungszustand ein, die durch stoßweise Zündungen hervorgerufen wurden. Ein regelmäßiger Betrieb mit Luftüberschuß, der 18 vH überstieg, war nicht möglich.

Im Anschluß an diese Versuche wurde der Einfluß des Mischungsverhältnisses bei höherer Belastung untersucht. Die größere Leistung des Motors (N_e rd. 4,2 5,0 6,0 PS) wurde durch geringes Drosseln des Gemisches erreicht. Bei N_e rd. 6 PS, der annähernd größten Belastung der Maschine, die dauernd ohne Verminderung der Umlaufzahl aufrecht erhalten werden konnte, war die Drosselklappe voll geöffnet. Die Versuche umfassen die Nr. 21 bis 50 und sind in der Zahlentafel 6 zusammengestellt. Die Abhängigkeit des Wärmeverbrauches vom Mischungsverhältnis zeigen die Diagramme Fig. 12.

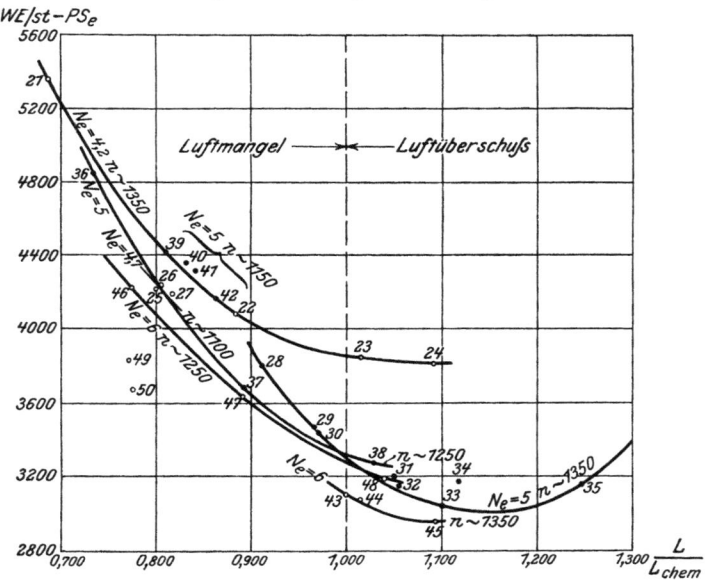

Fig. 12. Einfluß des Mischungsverhältnisses.

Aus den Versuchen geht hervor, daß der Motor nur mit Luftüberschuß arbeitet, sobald die Umlaufzahl nicht wesentlich unter 1250 i. d. min sinkt. Es wird später, bei der Diskussion der Versuchsergebnisse, auf diese Erscheinung zurückgekommen werden. An dieser Stelle sei nur auf die Tatsache hingewiesen, daß der geringste Wärmeverbrauch von allen Versuchen, die oberhalb der für das Erreichen der chemisch erforderlichen Luftmenge notwendigen Umlaufzahl liegen, bei einem Luftüberschuß von rd. 10 vH eintritt.

Für die Beurteilung des Arbeitsprozesses des Motors bei verschiedenen Belastungen und verschiedenen Umlaufzahlen ist dem Vergleich das günstigste Mischungsverhältnis jeder Versuchsreihe zugrundegelegt. Als besonders nützlich wurde es erachtet, den thermischen Wirkungsgrad, bezogen auf die effektive Leistung, in seiner Abhängigkeit von Belastung und Umlaufzahl zur Darstellung zu bringen. Die Ergebnisse zeigt das Diagramm Fig. 13. Die Punkte, die den

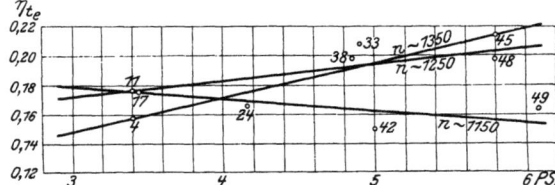

Fig. 13. Thermischer Wirkungsgrad bei verschiedenen Belastungen und verschiedenen Umlaufzahlen.

Versuchen gleicher Umlaufzahl entsprechen, liegen mit großer Annäherung auf einer Geraden, wenn man bedenkt, daß das genaue Innehalten der angestrebten Umlaufzahl bei einem Fahrzeugmotor nicht möglich ist. Aus dem Diagramm wurden für die mittleren Umlaufzahlen 1350, 1250 und 1150 Kurven gleichbleibender effektiver Leistung, Fig. 14, hergeleitet, in denen der Einfluß der Umlaufzahl auf den thermischen Wirkungsgrad besonders anschaulich hervortritt.

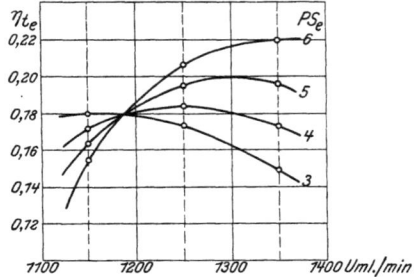

Fig. 14. Einfluß der Umlaufzahl auf den thermischen Wirkungsgrad bei gleichbleibender Leistung.

Die Versuche zeigen das bemerkenswerte Ergebnis, daß bei Vollast fast 22 vH der dem Motor zugeführten Wärme in Nutzarbeit umgesetzt werden. Bei halber Belastung beträgt der thermische Wirkungsgrad noch 18 vH. Nach Leerlauf nimmt der Wärmeverbrauch allerdings erheblich zu, da eine kleinere als halbe Leistung durch Drosseln des Gemisches allein nicht mehr erreicht werden kann, sondern dem Gemisch spätere Zündung gegeben werden muß. In diesem Falle sinkt der Wirkungsgrad rasch, da die Expansion der Ladung nicht voll ausgenutzt werden kann und eine erhebliche Wärmemenge ins Freie entweicht.

Im allgemeinen liegt die höchste Leistung und der beste thermische Wirkungsgrad der Maschine bei der höchsten Umlaufzahl 1350, für welche einzelne Versuchsreihen durchführbar waren. Die effektive Leistung kann jedoch um rd. 4 vH auf 6,275 PS_e gesteigert werden; die Umlaufzahl geht dabei aber auf 1182,5 i. d. min zurück, und der thermische Wirkungsgrad sinkt auf 17,2 vH. Als sicheres Anzeichen, daß die Maschine in diesem Falle überlastet ist, machen sich Störungen im Zündungsvorgang bemerkbar.

Der Widerstand der Luftuhr kann wegen seiner Geringfügigkeit stets vernachlässigt werden. Bei einem Versuch, bei dem der Motor mit Ausschaltung der Uhr und Luftleitung unmittelbar aus dem Maschinenraum ansaugte, konnte eine Steigerung der Leistung nicht festgestellt werden. Es ist auch kaum wahrscheinlich, daß der mittlere effektive Druck $p_e = 5{,}060$ at, der auf einen mittleren indizierten Druck von über 6 at schließen läßt, bei dem geringen Kompressionsgrad $\varepsilon = 4{,}3008$ einer erheblichen Steigerung fähig ist.

B) Einfluß der Zündung.

Für die Entzündung der Ladung im Zylinder jeder Verbrennungskraftmaschine ist eine gewisse Zeit erforderlich. Es leuchtet ein, daß diese Zeit eine um so größere Rolle spielen wird, je höher die Winkelgeschwindigkeit ist, mit der der Motor arbeitet. Es ist deshalb von vornherein zu erwarten, daß bei Fahrzeugmotoren, die allgemein hohe Umlaufzahlen besitzen, der Einfluß der Zündung auf den Arbeitsvorgang von besonderer Bedeutung sein wird. Zur Klärung dieser Verhältnisse wurden Versuche durchgeführt, deren Ergebnisse die Zahlentafel 7 aufweist. Um den Einblick möglichst allgemein zu gestalten,

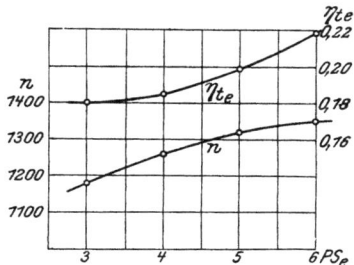

Fig. 15. Günstigste Umlaufzahl und bester thermischer Wirkungsgrad bei verschiedenen Belastungen.

wurden die Versuche nicht mit dem günstigsten Mischungsverhältnis vorgenommen, sondern man war bestrebt, teils mit Luftmangel, teils mit Luftüberschuß zu arbeiten, um einen Anhalt zu gewinnen, ob die Stärke der Ladung den Zündzeitpunkt wesentlich beeinflußt.

Innerhalb jeder Versuchsgruppe wurde jedoch nur die Zündung verstellt und der Motor soweit belastet, daß die Umlaufzahl unverändert blieb. Da zu jeder Umlaufzahl ein bestimmter Zündzeitpunkt gehört, um die größte Diagrammfläche zu erhalten, so wird im allgemeinen bei gleicher Umlaufzahl die effektive Leistung mit steigender Vorzündung wachsen.

Aus der Einstellung wurde mit Hülfe des Diagramms Fig. 8 (Seite 9) der Kurbelwinkel ermittelt, bei dem inbezug auf den inneren Totpunkt der Funke übersprang, und die Vorzündung in vH des Kolbenweges dargestellt.

Die Diagramme Fig. 16 bis 20 bringen die Abhängigkeit der effektiven Leistung, des thermischen Wirkungsgrades und des spezifischen Wärmeverbrauchs von der Zündung bei 3 verschiedenen Umlaufzahlen zum Ausdruck. Außerdem wurde die Wärmemenge Q_s, welche die Auspuffgase enthalten, dargestellt.

Man begnügte sich damit, als späteste Zündung die Zündung im Totpunkt einzustellen. Infolge der hohen Umlaufzahl tritt die größte Drucksteigerung im Indikatordiagramm erst gegen Ende des Hubes auf. Die einzelnen Zündkurven decken sich nicht, und der Beharrungszustand ist nicht vollkommen einwandfrei. Nach der anderen Seite hin konnte man fast 25 vH Vorzündung geben. Ein noch früheres Zünden war nicht möglich, da die Explosionen schon erheblich schärfer klangen und bei der geringsten Störung Stöße im Zylinder auftraten. Im allgemeinen machte man die Erfahrung, daß die Zündung innerhalb eines weiten Bereiches verstellt werden konnte, ohne daß der ruhige Gang des Motors im geringsten beeinträchtigt wurde.

Die Stärke des Zündfunkens wurde nicht geändert. Der Anschluß der Primärleitung des Induktors an eine Akkumulatorenbatterie von 10 V Spannung gestaltete die Zündung in allen Fällen sicher und kräftig.

Zahlen-

1	2	3	4	5	6	7	8	9	10	11	12	13	14	15
											stündliche Wärmemenge, abgeführt in			
Versuchsnummer	minutliche Umlaufzahl	effektive Leistung	Brennstoffverbrauch in der Stunde	Luftverbrauch in der Stunde	Luftverbrauch (15°, 1 at) für 1 kg Benzin	Mischungsverhältnis	Verbrennungswasser in der Stunde	spezifisches Verbrennungswasser	stündlicher Kühlwasserverbrauch für 1 PS_e	Wärmeverbrauch W in der Stunde	der effektiven Leistung	dem Kühlwasser	den Auspuffgasen	Reibung, Strahlung usw.
	n	N_e PS	kg	cbm	cbm	$\dfrac{L}{L_{chem}}$	kg	kg	kg	WE	Q_e WE	Q_k WE	Q_a WE	Q_r WE
51	1166,0	3,759	2,319	22,19	9,67	0,770	2,074	0,895	40,62	23 585	2374	6274	7616	7321
52	1181,5	5,894	2,240	22,09	9,98	0,795	1,999	0,891	24,87	22 792	3721	6183	6544	6344
53	1182,5	6,275	2,269	21,90	9,73	0,775	2,131	0,940	23,27	23 072	3967	6280	6231	6594
54	1146,5	6,082	2,291	22,07	9,70	0,772	2,159	0,941	25,08	23 304	3847	6519	5956	6982
55	1164,5	5,640	2,169	21,62	10,05	0,800	2,060	0,950	28,70	22 042	3561	6938	5882	5661
56	1215,0	2,193	1,771	23,40	13,25	1,055	1,943	1,098	75,48	18 008	1386	6974	9186	462
57	1217,0	4,691	1,731	23,21	13,54	1,079	1,939	1,119	32,47	17 604	2967	6436	7366	835
58	1224,5	4,979	1,706	23,79	14,04	1,119	1,949	1,141	30,19	17 352	3145	6533	6763	911
59	1242,5	5,402	1,676	23,34	14,04	1,119	1,882	1,125	28,43	17 050	3416	6615	6546	473
60	1236,0	5,991	1,775	23,26	13,21	1,051	2,034	1,146	28,24	17 142	3786	6921	6435	908
61	1313,5	2,741	2,050	21,05	10,41	0,830	2,044	0,999	56,35	20 821	1733	6448	7766	4874
62	1327,5	5,211	2,162	21,65	10,14	0,808	2,027	0,936	28,80	22 000	3291	6175	7002	5532
63	1379,5	5,801	1,931	21,90	11,51	0,919	2,121	1,099	25,71	19 645	3669	6521	6507	2948
64	1375,5	5,693	1,986	21,31	10,90	0,867	2,143	1,080	25,79	20 200	3596	6620	5879	4105
65	1299,0	5,098	2,050	19,95	9,89	0,787	1,988	0,969	30,95	20 821	3219	6360	5287	5955
66	1339,5	1,850	1,808	21,66	12,10	0,962	1,910	1,059	95,54	18 395	1169	7127	8854	1245
67	1349,0	4,340	1,685	21,80	13,09	1,040	1,890	1,120	36,79	17 148	2741	6542	7388	477
68	1355,0	5,319	1,809	21,86	12,20	0,971	1,971	1,091	30,41	18 400	3365	6685	6967	1383
69	1380,5	5,420	1,803	22,40	12,51	0,995	1,909	1,059	31,26	18 340	3422	6662	6575	1681
70	1398,0	5,484	1,703	22,29	13,19	1,049	1,899	1,111	31,04	17 318	3468	6700	6515	635
71	1286,0	0,960	1,664	21,76	13,31	1,059	1,889	1,132	180,01	16 910	606	7004	9027	273
72	1339,5	4,023	1,681	22,21	13,40	1,066	1,900	1,129	41,84	17 105	2541	6748	7662	154
73	1337,0	5,158	1,720	22,20	13,11	1,044	1,961	1,140	32,69	17 495	3259	6730	7103	403
74	1345,5	5,282	1,694	22,04	13,25	1,054	1,910	1,129	31,90	17 208	3340	6572	6497	791
75	1353,5	5,308	1,685	22,20	13,39	1,065	1,820	1,080	31,71	17 142	3354	6339	6308	1146

Die graphischen Darstellungen zeigen eine starke Zunahme der Leistung mit steigender Vorzündung, womit ein rasches Anwachsen der Güte des Arbeitsprozesses verbunden ist. Der geringste Wärmeverbrauch entspricht stets der größten Leistung. Bei den Versuchen 61 bis 65 ist er jedoch nicht dem Einfluß der Zündung zuzuschreiben, da bei Versuch 63 und Versuch 65 das Mischungsverhältnis um rd. 10 vH von dem für die Gruppe maßgebenden abweicht. Versuch 63 hat deshalb einen zu geringen, Versuch 65 einen zu hohen Wärmeverbrauch.

Aus den Versuchen erhellt, daß es vorteilhaft ist, möglichst früh zu zünden. Ein wesentlicher Einfluß der Stärke der Ladung auf den Zündbeginn konnte nicht festgestellt werden, hauptsächlich deshalb, weil es nicht möglich war, das Mischungsverhältnis innerhalb einer Gruppe vollständig genau unverändert zu halten. Bei den Versuchen mit Luftmangel (51 bis 55 und 61 bis 65) tritt dieser Umstand besonders hervor. Die Zunahme im Wärmeverbrauch trotz größerer Vorzündung findet hier in einem höheren Grad der unvollkommenen Verbrennung ihre Erklärung. Im allgemeinen trat aber die Erscheinung zu Tage,

tafel 7.

16	17	18	19	20	21	22	23	24	25	26	27	28	29	30
Wärmeabfuhr Q in Bruchteilen der Gesamtwärme W				stündlicher Benzinverbrauch für 1 PSe	stündlicher Wärmeverbrauch für 1 PSe	Lieferungsgrad, bezogen auf Luft	mittlerer effektiver Druck	Temperatur der Luft vor dem Vergaser	Unterdruck des Gemisches nach dem Vergaser	Temperatur des Gemisches vor dem Eintrittsventil	Unterdruck des Gemisches vor dem Eintrittsventil	Zündung in vH des Kolbenhubes	Temperatur der Abgase nach dem Kalorimeter	Bremsbelastung
effektive Leistung	Kühlwasser	Auspuffgase	Reibung, Strahlung											
q_e	q_k	q_z	q_r	kg	WE	η_λ	p_e at	°C	cm W.-S.	°C	cm W.-S.		°C	kg
0,100	0,266	0,324	0,310	0,6167	6274	0,671	3,071	23,3	20	2,2	25	0,0	26,7	5,000
0,164	0,269	0,288	0,279	0,3801	3869	0,659	4,756	23,4	20	1,5	24	4,6	24,9	7,500
0,172	0,272	0,270	0,286	0,3618	3679	0,654	5,060	23,7	18	2,1	24	9,4	24,9	7,950
0,165	0,280	0,256	0,299	0,3769	3831	0,680	5,060	24,6	16	3,2	22	16,0	24,8	7,950
0,162	0,314	0,267	0,257	0,3842	3910	0,658	4,621	24,2	17	3,0	22	24,3	24,7	7,300
0,077	0,387	0,510	0,026	0,8075	8212	0,680	1,724	20,9	21	1,8	26	0,0	28,3	3,000
0,169	0,365	0,419	0,047	0,3691	3753	0,676	3,680	21,4	21	2,5	26	4,6	27,0	5,900
0,181	0,376	0,390	0,053	0,3429	3485	0,685	3,880	21,5	21	2,5	27	9,4	26,4	6,200
0,200	0,388	0,384	0,028	0,3157	3157	0,663	4,151	21,5	21	2,7	27	16,0	26,0	6,600
0,210	0,384	0,356	0,050	0,2962	5014	0,665	4,621	21,4	22	2,3	28	24,3	25,6	7,300
0,084	0,309	0,373	0,234	0,7470	7600	0,566	1,994	22,0	26	1,9	28	0,0	26,7	3,400
0,150	0,281	0,318	0,251	0,4074	4145	0,577	3,741	23,6	26	2,8	29	4,6	26,1	6,000
0,187	0,332	0,331	0,150	0,3329	3384	0,561	4,017	22,1	23	2,5	27	9,4	25,8	6,400
0,178	0,328	0,291	0,203	0,3491	3551	0,547	3,949	20,8	27	2,5	29	16,0	24,5	6,300
0,154	0,306	0,253	0,287	0,4021	4092	0,543	3,742	21,1	32	1,8	33	24,3	23,4	6,000
0,064	0,388	0,481	0,067	0,9778	9940	0,571	1,318	21,2	20	3,0	24	0,0	28,8	2,400
0,160	0,381	0,430	0,029	0,3884	3950	0,571	3,070	21,4	19	3,0	23	4,6	27,8	5,000
0,183	0,363	0,379	0,075	0,3402	3461	0,570	3,743	22,1	18	3,1	23	9,4	27,8	6,000
0,187	0,364	0,358	0,091	0,3329	3382	0,572	3,743	23,1	17	4,0	23	16,0	28,6	6,000
0,200	0,387	0,376	0,037	0,3106	3159	0,565	3,743	22,5	19	4,4	24	24,3	28,2	6,000
0,036	0,415	0,534	0,015	1,7340	17620	0,598	0,712	21,4	20	3,4	25	0,0	30,7	1,500
0,148	0,394	0,449	0,009	0,4181	4252	0,587	2,869	24,0	17	4,8	23	4,6	29,3	4,700
0,186	0,385	0,407	0,022	0,3339	3395	0,587	3,679	25,2	17	5,2	23	9,4	28,9	5,900
0,194	0,382	0,377	0,047	0,3207	3260	0,580	3,745	26,1	18	5,8	22	16,0	29,0	6,000
0,196	0,369	0,368	0,067	0,3177	3230	0,579	3,743	25,5	16	5,9	21	24,3	28,8	6,000

daß starke Gemische bei steigender Vorzündung früher schärfere Explosionen und Stöße zur Folge hatten, als schwache Ladungen, für die man fast bis an die äußere Grenze der Einstellung gehen konnte.

Von besonderer Bedeutung ist die Wärmemenge Q_z der Auspuffgase; sie zeigt in allen Fällen eine um so größere Abnahme, je früher gezündet wird. Bei Zündung im Totpunkt beträgt sie fast die Hälfte der gesamten in den Kreisprozeß eingeführten Wärmemenge. Da der Wärmeinhalt der Verbrennungsrückstände infolgedessen erheblich größer als unter normalen Verhältnissen sein muß, so wird die Ladung am Ende des Ansaugens schon hohe Temperaturen besitzen. Durch die Kompression werden diese rasch gesteigert, und es kann das Gemenge schon während der Verdichtung so stark explosibel werden, daß heftige Stöße auftreten. Mit dieser Betrachtung stehen die gesammelten Erfahrungen im Einklang. Infolge der hohen Lage der unteren Temperaturgrenze ist, da die obere Grenze keinen wesentlichen Schwankungen unterworfen zu sein scheint, der thermische Wirkungsgrad außerordentlich gering. Es wird später an Hand der Wärme Q_z die Temperatur der Abgase berechnet werden.

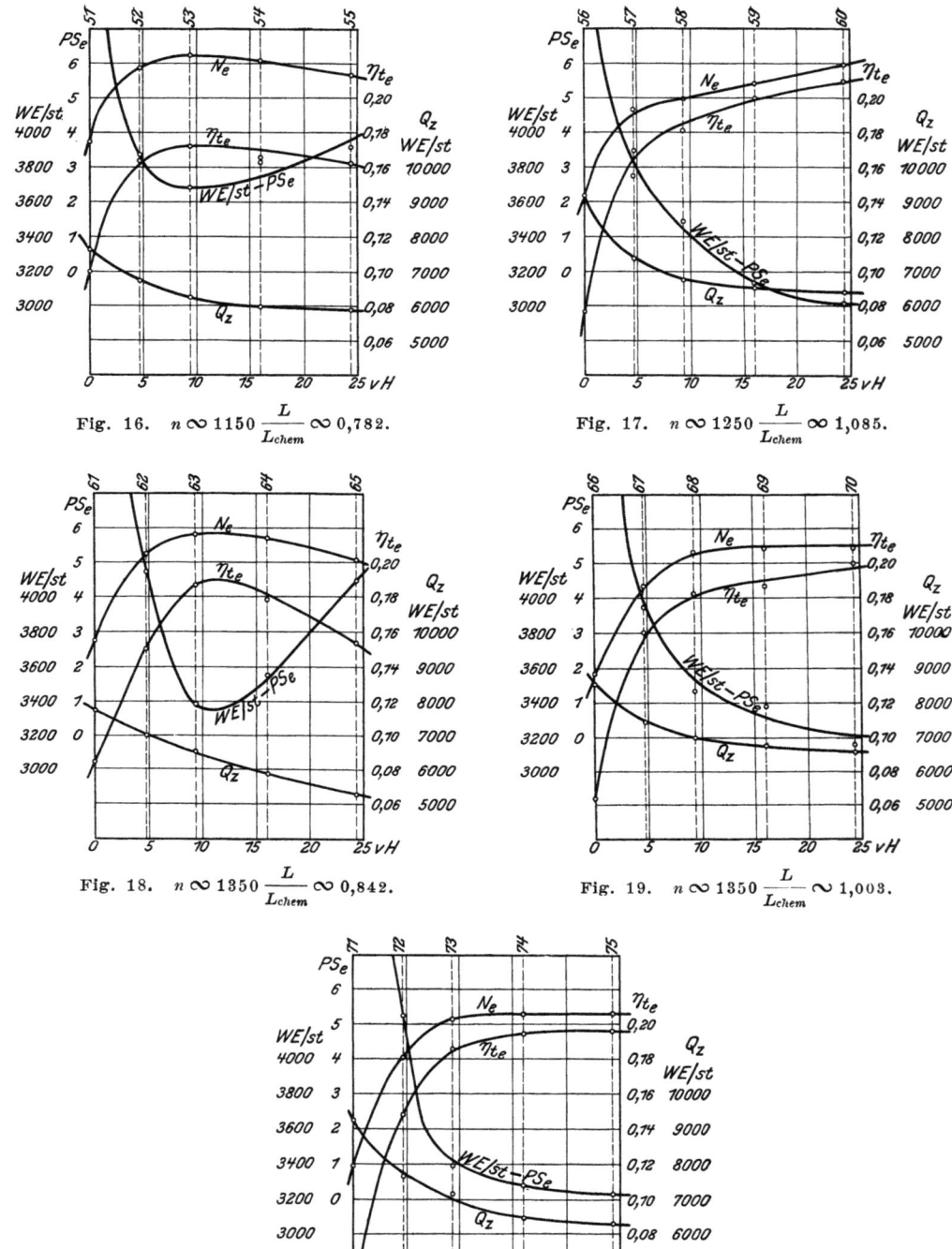

Fig. 16. $n \infty 1150 \quad \dfrac{L}{L_{chem}} \infty 0{,}782$.

Fig. 17. $n \infty 1250 \quad \dfrac{L}{L_{chem}} \infty 1{,}085$.

Fig. 18. $n \infty 1350 \quad \dfrac{L}{L_{chem}} \infty 0{,}842$.

Fig. 19. $n \infty 1350 \quad \dfrac{L}{L_{chem}} \infty 1{,}003$.

Fig. 20. $n \infty 1350 \quad \dfrac{L}{L_{chem}} \infty 1{,}058$.

Fig. 16 bis 20. Einfluß der Zündung bei verschiedenen Umlaufzahlen und verschiedener Stärke der Ladung.

— 27 —

C) Einfluß des Verdampfungsvorganges.

Bei allen Motoren, die mit flüssigen Brennstoffen betrieben werden, ist der Verdampfungsvorgang von grundlegender Bedeutung. Da dieser zum Teil im Vergaser stattfindet, so wird von dessen Zweckmäßigkeit die Güte des Arbeits-

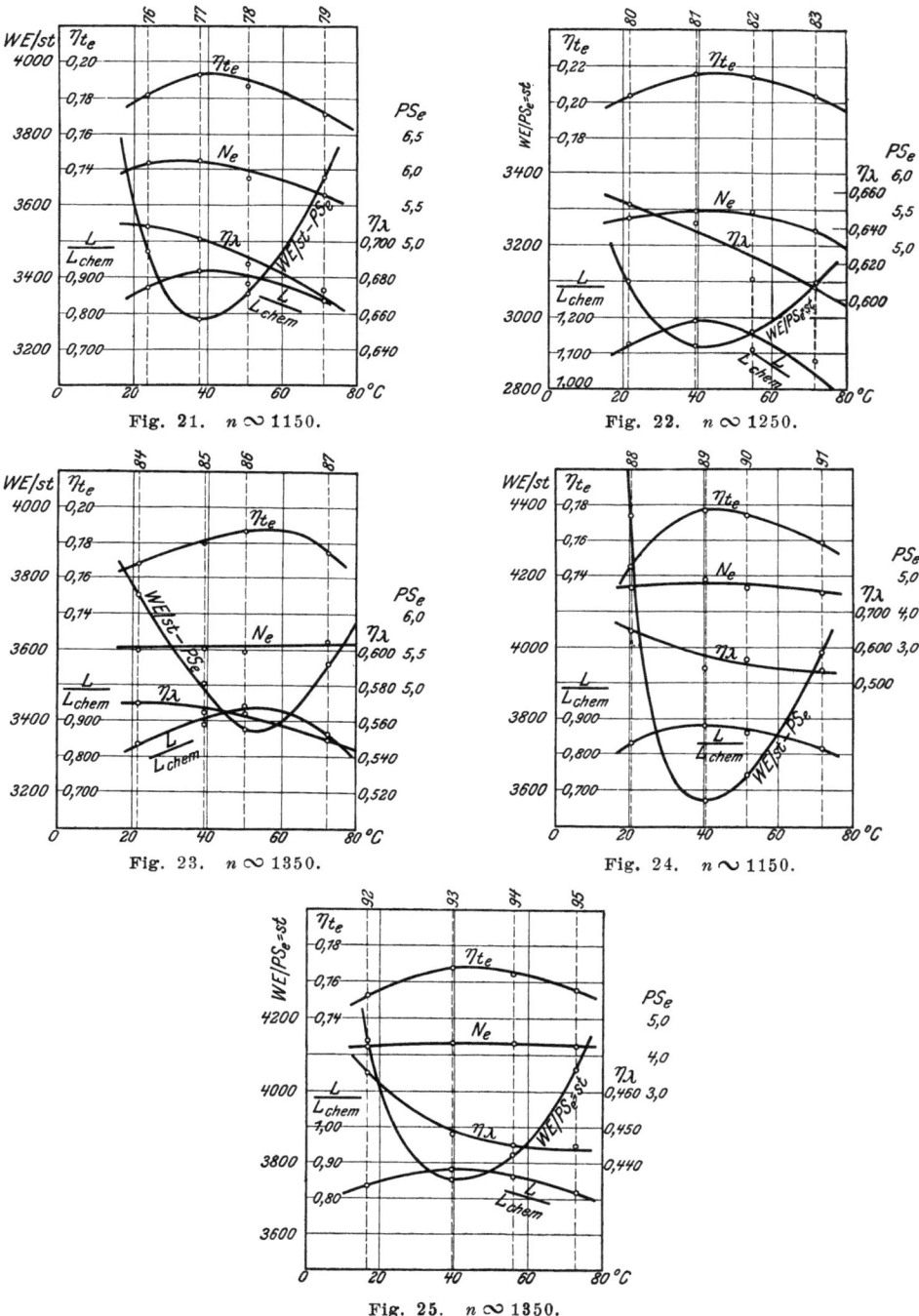

Fig. 21. $n \infty 1150$.

Fig. 22. $n \infty 1250$.

Fig. 23. $n \infty 1350$.

Fig. 24. $n \sim 1150$.

Fig. 25. $n \infty 1350$.

Fig. 21 bis 25. Einfluß der Luftvorwärmung.

Zahlen-

1	2	3	4	5	6	7	8	9	10	11	12	13	14	15
											\multicolumn{4}{c}{stündliche Wärmemenge, abgeführt in}			
Versuchsnummer	minutliche Umlaufzahl	effektive Leistung	Brennstoffverbrauch in der Stunde	Luftverbrauch in der Stunde	Luftverbrauch (15°, 1 at) für 1 kg Benzin	Mischungsverhältnis	Verbrennungswasser in der Stunde	spezifisches Verbrennungswasser	stündlicher Kühlwasserverbrauch für 1 PS$_e$	Wärmeverbrauch W in der Stunde	der effektiven Leistung	dem Kühlwasser	den Auspuffgasen	Reibung, Strahlung usw.
	n	N_e PS	kg	cbm	cbm	$\dfrac{L}{L_{chem}}$	kg	kg	kg	WE	Q_e WE	Q_k WE	Q_s WE	Q_r WE
76	1143,5	6,100	2,082	22,90	10,97	0,873	2,175	1,041	27,41	21 198	3854	6980	6456	3908
77	1147,2	6,121	1,975	22,82	11,51	0,919	2,190	1,109	26,75	20 098	3870	6980	6386	2862
78	1145,2	5,880	1,951	22,28	11,40	0,857	2,080	1,065	26,46	19 850	3714	6904	6280	2952
79	1140,7	5,692	2,056	21,72	10,58	0,841	2,078	1,001	27,40	20 900	3597	6862	5923	4518
80	1257,0	5,379	1,639	23,21	14,16	1,127	1,999	1,220	26,94	16 652	3399	6393	6199	661
81	1240,0	5,302	1,524	22,80	14,97	1,191	1,900	1,249	27,29	15 500	3351	6527	6318	−696
82	1280,5	5,481	1,597	22,16	13,82	1,101	1,942	1,219	28,91	16 240	3468	6860	6315	−403
83	1257,5	5,200	1,585	21,63	13,58	1,080	1,916	1,209	29,97	16 110	3288	6706	6257	−141
84	1327,0	5,487	2,025	21,41	10,56	0,840	2,000	0,988	28,40	20 600	3469	6618	6302	4211
85	1331,5	5,512	1,900	21,31	11,24	0,895	2,005	1,058	27,37	19 318	3481	6893	6194	2750
86	1349,5	5,482	1,824	21,59	11,86	0,941	2,030	1,111	27,46	18 546	3468	6882	6402	1794
87	1385,7	5,629	1,992	21,55	10,82	0,861	2,048	1,027	27,12	20 280	3557	6618	6440	3665
88	1086,5	4,651	2,000	19,85	10,01	0,799	1,952	0,976	33,31	20 322	2941	6718	4949	5714
89	1216,5	4,865	1,706	18,56	10,96	0,872	1,806	1,060	27,81	17 355	3076	6219	4714	3346
90	1161,5	4,641	1,660	18,60	11,29	0,899	1,851	1,118	32,27	16 890	2934	6278	4644	3034
91	1194,5	4,519	1,770	18,19	10,39	0,825	1,793	1,012	32,56	17 994	2856	6356	4561	4221
92	1339,5	4,219	1,716	17,66	10,46	0,833	2,051	1,196	32,39	17 455	2667	5860	4351	4577
93	1373,5	4,321	1,595	17,40	11,09	0,882	2,058	1,289	30,24	16 210	2731	5682	4160	3637
94	1371,0	4,320	1,623	17,27	10,08	0,860	2,050	1,262	30,89	16 500	2730	5836	4342	3592
95	1352,0	4,259	1,701	17,24	10,26	0,816	2,110	1,239	30,16	17 302	2690	5582	4396	4634
96	1399,0	5,980	1,820	22,82	12,57	1,000	2,070	1,139	27,59	18 508	3780	6756	7042	930
97	1402,0	5,010	1,694	21,60	12,79	1,016	1,969	1,160	31,00	17 210	3168	6587	6821	634
98	1358,0	3,891	1,540	19,44	12,65	1,006	1,894	1,230	36,80	15 655	2460	6043	5570	1582
99	1321,5	2,390	1,458	17,50	12,04	0,956	1,429	0,981	60,20	14 825	1510	5778	5361	2176
100	1378,0	1,223	1,495	16,53	11,09	0,882	1,265	0,846	97,20	15 203	773	4841	4490	5099

vorganges in hohem Maße abhängen. Es liegt auf der Hand, daß es bei Verwendung eines flüssigen Brennstoffes mit größeren Schwierigkeiten verknüpft sein wird, homogene Ladungen zu erhalten, als bei Benutzung gasförmiger, da der flüssige Brennstoff erst in den gasförmigen Aggregatzustand überführt werden muß. Hierbei drängt sich die wichtige Frage auf, wie weit neben der Verdampfung nur eine Zerstäubung des Brennstoffes eintritt, und ob es für eine gute Ausnützung des Kreisprozesses anzustreben ist, vor Eintritt in den Zylinder die eine oder die andere überwiegen zu lassen.

Zur Beantwortung dieser Fragen wurden Versuche vorgenommen, bei denen die Geschwindigkeit der Verdampfung durch Vorwärmen der angesaugten Luft gesteigert werden konnte. In Verbindung damit wurde untersucht, ob die Entfernung des Vergasers vom Motor auf den Arbeitsprozeß von Einfluß war (Versuche 88 bis 95). Hierbei liegt die Vermutung nahe, daß eine lange Saugleitung als elastisches Zwischenglied zwischen Motor und Vergaser wirkt, und daß die Spannungsschwankungen des Ansaugens, die besonders bei selbst-

tafel 8.

16	17	18	19	20	21	22	23	24	25	26	27	28	29	30	31
Wärmeabfuhr Q in Bruchteilen der Gesamtwärme W				stündlicher Benzinverbrauch für 1 PSe	stündlicher Wärmeverbrauch für 1 PSe	Lieferungsgrad, bezogen auf Luft	mittlerer effektiver Druck	Temperatur der Luft vor dem Vergaser	Unterdruck nach dem Vergaser	Temperatur des Gemisches nach dem Vergaser	Temperaturabfall	spezifische Dampfmenge	Unterdruck vor dem Eintrittventil	Temperatur der Abgase nach dem Kalorimeter	Bremsbelastung
effektive Leistung	Kühlwasser	Auspuffgase	Reibung, Strahlung												
q_e	q_k	q_a	q_r	kg	WE	η_λ	p_e at	°C	cm W.-S.	°C	°C		cm W.-S.	°C	kg
0,182	0,329	0,305	0,184	0,3418	3472	0,708	5,094	23,7	11	3,2	20,5	0,601	19	25,9	8,000
0,193	0,347	0,317	0,143	0,3225	3281	0,704	5,094	37,6	11	8,7	28,9	0,890	18	26,0	8,000
0,187	0,349	0,316	0,148	0,3325	3381	0,687	4,897	50,4	11	13,0	37,4	1,081	18	25,2	7,700
0,172	0,329	0,283	0,216	0,3611	3675	0,673	4,759	71,0	12	24,4	46,6	1,320	19	24,9	7,500
0,204	0,384	0,372	0,040	0,3049	3100	0,653	4,080	21,4	22	2,6	18,8	0,690	30	25,3	6,500
0,216	0,421	0,408	−0,045	0,2871	2921	0,649	4,081	39,9	21	11,3	28,6	1,100	28	26,0	6,500
0,214	0,423	0,389	−0,026	0,2911	2961	0,611	4,081	54,9	22	17,0	37,9	1,360	31	26,2	6,500
0,204	0,416	0,388	−0,008	0,3036	3090	0,609	3,941	71,3	23	33,0	38,3	1,345	34	26,7	6,300
0,168	0,323	0,305	0,204	0,3689	3750	0,570	3,946	21,9	21	7,1	14,8	0,423	27	25,5	6,300
0,180	0,356	0,320	0,144	0,3449	3505	0,565	3,949	39,1	20	12,6	26,5	0,800	26	25,7	6,300
0,187	0,371	0,346	0,096	0,3321	3379	0,566	3,880	50,5	18	16,0	34,5	1,085	24	25,5	6,200
0,175	0,327	0,317	0,181	0,3501	3562	0,550	3,871	72,4	22	37,2	35,2	1,020	27	25,5	6,200
0,145	0,331	0,243	0,281	0,4300	4371	0,646	4,081	20,4	15	2,4	10,7	18,0	0,490	24	25,0	6,500
0,177	0,358	0,272	0,193	0,3511	3570	0,540	3,811	40,2	18	10,8	26,1	29,4	0,862	26	25,4	6,100
0,174	0,372	0,275	0,179	0,3581	3640	0,564	3,811	51,6	18	16,1	33,7	35,5	1,070	27	24,8	6,100
0,159	0,353	0,253	0,255	0,3920	3989	0,537	3,610	71,7	19	43,5	51,6	28,2	0,792	23	24,7	5,800
0,153	0,336	0,250	0,261	0,4070	4140	0,465	3,005	16,7	22	5,7	16,1	11,0	0,311	26	25,0	4,900
0,168	0,350	0,257	0,225	0,3689	3750	0,448	3,005	39,6	21	17,8	28,0	21,8	0,649	24	25,9	4,900
0,165	0,354	0,263	0,218	0,3758	3820	0,445	3,004	56,0	22	36,8	41,9	19,2	0,559	26	26,1	4,900
0,156	0,322	0,254	0,268	0,3999	4065	0,450	3,000	72,8	23	53,2	56,7	19,6	0,545	27	25,7	4,900
0,204	0,365	0,380	0,051	0,3045	3099	0,568	4,080	23,4	22	4,8	18,6	0,618	25	27,3	6,500
0,184	0,382	0,396	0,038	0,3380	3440	0,544	3,409	23,3	18	7,2	16,1	0,550	21	26,9	5,500
0,157	0,385	0,356	0,102	0,3959	4025	0,507	2,736	21,4	17	7,9	13,5	0,451	20	26,6	4,500
0,102	0,390	0,362	0,146	0,6098	6200	0,467	1,725	19,4	17	11,5	7,9	0,252	19	26,0	3,000
0,051	0,318	0,295	0,336	1,223	12442	0,425	0,846	17,6	14	12,0	5,6	0,165	16	24,7	1,700

tätigem Einlaßventil groß sind, in ihrer Wirkung auf die Düse abgeschwächt werden. Infolgedessen wurde zwischen Vergaser und Eintrittventil ein 1,90 m langes Rohr von 1" lichter Weite eingefügt, das durch Seidenzopf sorgfältig isoliert war. Die Gemischtemperaturen wurden in diesem Falle zweimal: kurz nach dem Vergaser und unmittelbar vor dem Eintrittventil gemessen.

Die Ergebnisse sind in der Zahlentafel 8 (Versuch 76 bis 95) und in den Diagrammen Fig. 21 bis 25 niedergelegt. Letztere zeigen die Abhängigkeit des spezifischen Wärmeverbrauches, des thermischen Wirkungsgrades und der effektiven Leistung von der Temperatur der angesaugten Luft. Da bei höherer Temperatur der Zylinder eine geringere Füllung besitzt, so muß der Lieferungsgrad des Motors mit steigender Erwärmung abnehmen. Die Versuche wurden bei verschiedenen Umlaufzahlen und verschieden starken Gemischen ausgeführt.

Es sei hierbei hervorgehoben, daß bei den Versuchen dieses Abschnittes die physikalischen Konstanten des Benzindampfes von wesentlichem Einfluß auf die Ergebnisse sind, da die Verdampfungswärme und die Sättigungstemperaturen des Gemisches den Charakter des Prozesses bestimmen.

Die Versuchsergebnisse zeigen sämtlich den günstigsten Arbeitsprozeß bei einer Temperatur der angesaugten Luft von rd. 40 °C. Obwohl der Lieferungsgrad fällt, steigt die effektive Leistung bis zu dieser Grenze, oder bleibt wenigstens unveränderlich. Auch hier ist es von Bedeutung, daß dem geringsten Wärmeverbrauch die höchste Leistung entspricht. Ueber eine Vorwärmung der Luft von rd. 75 °C konnte man nicht hinausgehen, ohne befürchten zu müssen, daß die Zahl der Stöße, die bisweilen schon unterhalb dieser Grenze auftraten, sich in unzulässiger Weise vergrößerte. Man wird deshalb diese Temperatur für den angewandten Kompressionsgrad als obere Grenze ansehen müssen, bis zu der mit Rücksicht auf den Beharrungszustand höchstens gegangen werden kann. Ob es sich demnach empfiehlt, die Auspuffgase, deren weit höhere Temperatur ohnehin wegen der wechselnden Leistung Schwankungen unterworfen ist, unter normalen Betriebsverhältnissen zur Vorwärmung zu benutzen, darf mindestens bezweifelt werden.

Aus praktischen Gründen ist der Motor mit einer Regelvorrichtung versehen, die durch Betätigen eines einzigen Hebels eine Aenderung der Leistung zwischen Leerlauf und Vollast gestattet. Zu diesem Zweck kann die Hubdauer des Auspuffventils verstellt und die Ladung durch Rücksaugen der Abgase verdünnt werden. Es leuchtet ein, daß eine derartige einfache Regelung besonders in ungeschulten Händen von Wert sein kann, sofern die Bedingung erfüllt ist, daß der Wirkungsgrad für alle Belastungen innerhalb gewisser Grenzen liegt.

Zur Beurteilung der Zweckmäßigkeit dieser Einrichtung wurden die Versuche 96 bis 100 vorgenommen. Die Ergebnisse sind in der Zahlentafel 8 enthalten und im Diagramm Fig. 26 graphisch dargestellt.

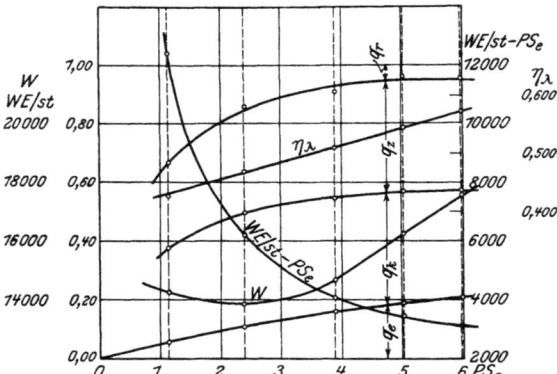

Fig. 26. Einfluß der Regelung von De Dion-Bouton.

Von Vollast bis zu $^1/_3$ Belastung steigt der spezifische Wärmeverbrauch stetig bis zum doppelten Betrag an. Unterhalb dieser Grenze nimmt er außerordentlich rasch zu, sodaß von einer Wirtschaftlichkeit keine Rede mehr sein kann. In das Diagramm ist für jeden Versuch die gesamte in den Kreisprozeß eingeführte Wärmemenge W eingetragen. Die Kurve zeigt von halber Belastung an aufwärts den für gut einregulierte Motoren typischen Verlauf einer Geraden. Innerhalb dieses Bereiches steigt der thermische Wirkungsgrad annähernd linear von 13 auf 20 vH.

V) Erörterung der Versuchsergebnisse.

Die Versuche lehren, daß bei Benzin die Zuführung von rd. 10 vH Luftüberschuß genügt, um bei vollkommener Verbrennung den günstigsten Wärmeverbrauch zu erreichen. Bei größerem Luftüberschuß wird die Zündfähigkeit des Gemisches sehr bald erheblich beeinträchtigt, was mit besonderer Schärfe aus den Versuchen über die Zündgeschwindigkeit von Gemischen verschiedener Stärke hervorgeht. Die durch Luftmangel gekennzeichnete untere Grenze lag in allen Fällen außerordentlich tief. Dabei war der Gang des Motors bei starken und schwachen Gemischen gleich gut, nur bei großem Luftmangel trugen die Auspuffgase die Spuren schlechter Verbrennung.

Innerhalb jeder Versuchsreihe erklärt sich das Zunehmen des spezifischen Wärmeverbrauches mit wachsendem Brennstoffreichtum durch einen steigenden Grad der unvollkommenen Verbrennung, die durch den Luftmangel bedingt ist. Die Wärmeverteilung zeigt, daß bei allen Versuchen ein ungewöhnlich großer Teil der in den Kreisprozeß eingeführten Wärmemenge mit den Auspuffgasen den Motor verläßt. Infolge des geringen Luftüberschusses liegen die Abgastemperaturen im Durchschnitt viel höher, als bei der mit schwachen Gemischen arbeitenden Leuchtgasmaschine. Prozentual ist die in den Auspuffgasen enthaltene Wärme der an den Kühlmantel des Zylinders übergehenden annähernd gleich. Sie steigt rasch, sobald ein Nachbrennen während der Expansion eintritt, auf das der schwache Abfall der Expansionskurve des Indikatordiagramms hindeutet, oder wenn eine Entzündung bei wachsendem Zylindervolumen stattfindet.

Aus der Zahlentafel 6 geht hervor, daß die vom Motor angesaugte Luftmenge nur von der Umlaufzahl und der Drosselung des Gemisches vor Eintritt in den Zylinder abhängt. Hiermit steht die Tatsache in engem Zusammenhang, daß beim Sinken der Umlaufzahl unter 1250 die Luftmenge nicht mehr ausreicht, um der Gewichteinheit Benzin den zur vollkommenen Verbrennung mindestens erforderlichen Betrag an Sauerstoff zur Verfügung zu stellen. Daß die Umlaufzahl 1100 i. d. Min. für eine bestimmte effektive Leistung nicht unterschritten werden kann, findet seine Erklärung nicht nur in der Unmöglichkeit, ein zündfähiges Gemisch bei geringerer Geschwindigkeit zu erhalten, sondern auch in dem Umstande, daß das Drehmoment bei einer gewissen Grenze der Umlaufzahl seinen Höchstwert erreicht. Mit Rücksicht auf den Füllungsgrad ist der mittlere effektive Druck einer Steigerung über diese Grenze hinaus nicht mehr fähig. Bei stärkerem Drosseln und geringerer Füllung tritt dieser Augenblick früher ein als bei höchster Leistung. Für 3,4 PS_e liegt die Grenze bei $p_e = 2{,}8$ at, für Vollast bei $p_e = 5{,}06$ at.

Weiterhin beeinflußt das selbsttätige Saugventil des Zylinders den Lieferungsgrad η_λ. Der Unterdruck muß bis auf einen gewissen Betrag sinken, ehe das Ventil dem Gemisch den Weg vom Vergaser zum Motor freigibt. Infolge der Nachstellvorrichtung der Ventilfeder (Fig. 5 S. 5) war man in der Lage, den Unterdruck und damit den Lieferungsgrad zu beeinflussen. η_λ erreichte bei Versuch 76 den für ein ungesteuertes Saugventil und für die hohe Umlaufzahl großen Wert 0,708.

Je höher die Umlaufzahl liegt, umso weiter ist das Bereich des Mischungsverhältnisses. Da der günstigste Wirkungsgrad der Versuche bei Vollast der höchsten Umlaufzahl entspricht, so liegt die Gefahr nahe, daß man im praktischen Betrieb — selbst bei Kenntnis dieses Umstandes — infolge des weiten Spielraumes der Einstellung sich erheblich von dem besten Wärmeverbrauch entfernt und ein Uebermaß an Brennstoff aufwendet.

Aus den Versuchen geht hervor, daß es für jede Belastung innerhalb des untersuchten Gebietes eine bestimmte Umlaufzahl gibt, die den besten thermischen Wirkungsgrad zur Folge hat (Fig. 15, Seite 23). Für halbe Belastung liegt sie unter 1200 Uml./min (Versuch 17), für Vollast über 1350 Uml./min (Versuch 45). Um einen Einblick in die Ursache dieser Erscheinung zu gewinnen, sind die einzelnen q-Werte der in Betracht kommenden Versuche als Funktion der Umlaufzahl aufgetragen (Fig. 27 bis 29). Versuch 50 scheidet nach den früher (Seite 26) gegebenen Erläuterungen bei dieser Betrachtung aus.

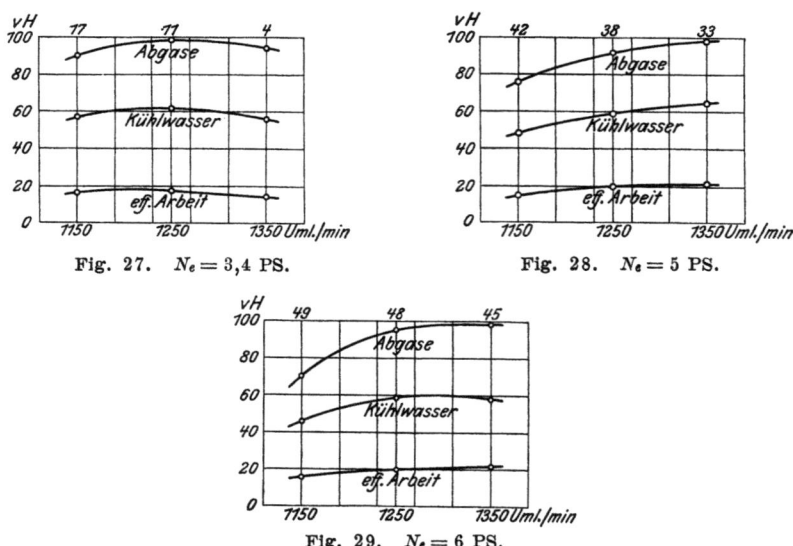

Fig. 27. $N_e = 3{,}4$ PS.   Fig. 28. $N_e = 5$ PS.

Fig. 29. $N_e = 6$ PS.

Fig. 27 bis 29. Wärmeverteilung für die günstigsten Mischungsverhältnisse bei gleichbleibender Leistung und verschiedenen Umlaufzahlen.

Bei der höchsten Belastung $N_e = 6$ PS, Fig. 29, fällt der Wirkungsgrad sehr rasch mit der Umlaufszahl, da infolge starken Luftmangels (22,8 vH, Versuch 49) in hohem Maße unvollkommene Verbrennung eintritt. Im Gegensatz hierzu haben bei $N_e = 3{,}4$ PS, Fig. 27, die Versuche 11 und 17 bei 1250,7 und 1172,0 Uml./min den günstigsten thermischen Wirkungsgrad. Die Verbrennung erscheint hierbei zunächst keineswegs besser als bei Versuch 4 mit $n = 1348{,}3$ Uml./min, da bei Versuch 17 4,5 vH Luftmangel, bei Versuch 4 hingegen 3,5 vH Luftüberschuß herrscht. Man wird den Grund für den geringeren Wärmeverbrauch bei niedriger Umlaufzahl und schwacher Belastung demnach in anderer Richtung suchen müssen.

In dieser Hinsicht sei folgendes bemerkt. Die Saugwiderstände steigen mit zunehmender Geschwindigkeit rasch. Während sie bei hoher Belastung und ganz eröffneter Drosselklappe nur von der Geschwindigkeit abhängen, werden sie durch Drosselung des Gemisches um so stärker vermehrt, je geringer die dadurch bewirkte effektive Leistung ist. Aus diesem Grunde wird bei halber Belastung der Unterdruck am Ende des Ansaugens bei hohen Umlaufzahlen größer sein als bei niedrigen. Es muß mithin der Enddruck der Kompression mit steigender Umlaufzahl fallen, womit nach der Theorie des Gasmaschinenprozesses ein Sinken des thermischen Wirkungsgrades verbunden ist.

Je mehr sich die Leistung der Vollast nähert, desto höher liegt für das Maximum des thermischen Wirkungsgrades die Umlaufzahl, bis schließlich für volle Belastung die beste Ausnutzung bei höchster Geschwindigkeit erreicht wird.

Diese Tatsache steht in engem Zusammenhange mit den vom Motor angesaugten Luft- und Benzinmengen. Durch schwächeres Drosseln wird bei steigender Leistung und wachsender Umlaufzahl der Gewichteinheit Benzin eine größere Luftmenge zugeführt und eine bessere Verbrennung erzielt. Von einer bestimmten Grenze an überwiegt der Einfluß der Verbrennung den der Kompression und bewirkt das Verschieben des besten thermischen Wirkungsgrades in der angegebenen Richtung.

Es sei hier eine Bemerkung über das Restglied der Wärmebilanz Q eingeschaltet. Da dieses bei vollkommener Verbrennung außer Meßfehlern die Reibungsarbeit des Motors im Wärmemaß enthält, erscheint sein Wert bei einigen Versuchen offenbar zu klein. Der Grund hierfür liegt in den Einflüssen der Schmierung (Seite 8) und der Messung der an den Kühlmantel des Zylinders abgegebenen Wärmemenge, die infolge der Schwankungen der Ablauftemperatur nicht in allen Fällen mit der notwendigen Schärfe bestimmt werden konnte. Außerdem wird ein Teil der Kolbenreibung, die bei den hohen Umlaufzahlen ziemlich erheblich sein wird, in Wärme zurückverwandelt und wirkt auf Erhöhung des Kühlwasseranteils hin. Die Summierung dieser Fehlerquellen kann die Wärmebilanz beeinflussen.

Im allgemeinen darf jedoch aus den Versuchen über das Mischungsverhältnis der Schluß gezogen werden, daß der geringe Wärmeverbrauch des Fahrzeugmotors nur zum kleinen Teil in der Verminderung der Wärmeverluste, die eine Folge der kurzen den Wärmeübergang herabsetzenden Zeiten sind, seine Erklärung findet. In der Hauptsache ist er dadurch bedingt, daß bei hohen Umlaufzahlen ein gutes Vergasen des Brennstoffes ermöglicht wird und ein homogenes Gemisch vollkommen verbrannt werden kann.

Die Zündfähigkeit des Benzindampf-Luftgemisches ist auf enge Grenzen beschränkt. Während die mit Leuchtgas betriebene Gasmaschine mit hoher Kompression und großem Luftüberschuß am wirtschaftlichsten arbeitet, ist man beim Benzinmotor gezwungen, zur Vermeidung von Vorzündungen geringe Kompression anzuwenden und dem Gemisch mit Rücksicht auf gutes Zünden nur kleinen Luftüberschuß zu geben.

Infolgedessen werden im Fahrzeugmotor erheblich stärkere Gemische verbrannt. Der Wärmeinhalt von 1 cbm bei 15° C und 1 at beträgt für das chemische Mischungsverhältnis von Benzindampf und Luft 794 WE. Für ein Leuchtgasgemisch, dem der untere Heizwert des Gases 4300 WE/cbm zugrunde liegt, berechnet er sich bei 50 vH Luftüberschuß zu 550 WE/cbm.

Die Menge der Verbrennungsrückstände bestimmt den Verdünnungsgrad der Ladung. Während bei der Gasmaschine mit hoher Kompression die Menge der Auspuffgase im Verdichtungsraum verhältnismäßig klein ist, bleibt beim Fahrzeugmotor unter Annahme gleicher Temperatur ein größerer Teil Abgase zurück. Bei der Versuchsmaschine beträgt der Kompressionsraum 33 vH des Hubraumes. Es muß hieraus geschlossen werden, daß die Zündgeschwindigkeit der Ladung durch die Verbrennungsrückstände herabgesetzt wird. Da zur Erzielung einer möglichst großen Diagrammfläche die Drucksteigerung im Totpunkt beendet sein muß, so wird eine um so frühere Zündung vorteilhaft sein, je größer der Verdünnungsgrad der Ladung ist.

Von Interesse ist es, aus der mit Hülfe des Abgaskalorimeters gemessenen Wärme Q_a der Auspuffgase auf die Temperatur zu schließen, mit der diese den Motor verlassen. Q_a hängt in hohem Maße von der Einstellung der Zündung ab: je früher die Zündung geschieht, umso kleiner ist der absolute Wert von

Q_s. Es soll deshalb im folgenden die Temperatur der Abgase für die Versuche 66 bis 70 bestimmt werden. Für die Wahl dieser Gruppe war der Umstand maßgebend, daß die Stärke der Ladungen fast durchweg dem chemischen Mischungsverhältnis entspricht.

Es bedeutet

t_z'' die Temperatur der Abgase nach Austritt aus dem Motor,
t_z' die Temperatur der Abgase nach Verlassen des Kalorimeters in °C,
$[\mathfrak{C}_p'']_{t_z'}^{t_z''}$ die mittlere spezifische Wärme der Gasladung bei unveränderlichem Druck nach der Verbrennung im Gebiet von t_z' bis t_z'',
$\mathfrak{C}_p''$ die wahre spezifische Wärme der Gasladung bei unveränderlichem Druck nach der Verbrennung bei der Temperatur t, beide bezogen auf 1 cbm bei 15 °C und 1 at Druck,
v' das Volumen des Gemisches vor der Verbrennung,
$\varDelta v$ die Volumenzunahme infolge der Verbrennung in cbm, beide bezogen auf 1 kg Benzin und 0 vH Luftüberschuß,
G den Benzinverbrauch des Motors in der Stunde in kg.

Dann gilt, für die Stunde berechnet,

$$Q_s = [\mathfrak{C}_p'']_{t_z'}^{t_z''} (v' + \varDelta v) G (t_z'' - t_z') \text{ WE}.$$

Unter Annahme vollkommener Verbrennung ergibt die Verbrennungsgleichung (Seite 12)

$$v' = 0{,}228 + 12{,}57 = 12{,}80 \text{ cbm},$$
$$\varDelta v = 0{,}68 \text{ cbm}.$$

Zwischen der wahren und mittleren spezifischen Wärme besteht die Beziehung

$$\int_{t_z'}^{t_z''} \mathfrak{C}_p'' dt = [\mathfrak{C}_p'']_{t_z'}^{t_z''} (t_z'' - t_z').$$

Führt man die lineare Funktion ein:

$$\mathfrak{C}_p'' = a + 2bt,$$

so wird

$$[\mathfrak{C}_p'']_{t_z'}^{t_z''} = \frac{\int_{t_z'}^{t_z''} (a + 2bt) dt}{t_z'' - t_z'} = a + b(t_z' + t_z'').$$

Die Konstanten a und b enthält die Zahlentafel 9[1]).

Zahlentafel 9.

Gasart	Symbol	a	b
Wasserstoff	H_2		
Stickstoff	N_2	0,2660	0,0000249
Kohlenoxyd	CO		
atmosphärische Luft	—	0,2711	0,0000278
Wasserdampf	H_2O	0,3230	0,000088
Kohlensäure	CO_2	0,3680	0,000099

---

[1]) A. Nägel, Versuche an der Gasmaschine über den Einfluß des Mischungsverhältnisses, Mitteilungen Heft 54; Zeitschrift des Vereines deutscher Ingenieure 1907 S. 1412.

Für die spezifische Wärme der Gasladung nach der Verbrennung, bezogen auf 1 cbm bei 15 °C und 1 at, gilt die Gleichung

$$\mathfrak{C}_p'' = \frac{\Sigma(\mathfrak{C}_{pi}'' v_i'')}{\Sigma v_i''}.$$

Mit Bezug auf die Verbrennungsgleichung des Benzins wird

$$[\mathfrak{C}_p'']_{t_z'}^{t_z''} =$$
$$\frac{1{,}730\,[0{,}3680 + 0{,}000099\,(t_z' + t_z'')] + 1{,}818\,[0{,}3230 + 0{,}000088\,(t_z' + t_z'')] + 9{,}93\,[0{,}2660 + 0{,}0000249\,(t_z' + t_z'')]}{v' + \varDelta v}$$

$$[\mathfrak{C}_p'']_{t_z'}^{t_z''} = 0{,}287 + 0{,}000043\,(t_z' + t_z'').$$

Die Temperatur t_z' der Abgase nach Verlassen des Kalorimeters wurde in allen Fällen gemessen. Da Q_z durch das Kalorimeter bestimmt wurde, so kann t_z'' aus der Hauptgleichung berechnet werden.

Für Versuch 70 ist $Q_z = 6515$ WE und $t_z' = 28{,}2$ °C. Es ergibt sich mithin für t_z'' die Beziehung

$$6515 = 1{,}049 \cdot 13{,}48 \cdot 1{,}703\,[0{,}287 + 0{,}000043\,(28{,}2 + t_z'')]\,[t_z'' - 28{,}2],$$

woraus folgt

$$t_z'' = 845\text{ °C}.$$

Auf gleiche Weise wurden die Temperaturen t_z'' der Versuche 66 bis 69 ermittelt und in der Zahlentafel 10 zusammengestellt. Die Ergebnisse zeigen, daß die Temperatur der Abgase mit steigender Vorzündung fällt.

Zahlentafel 10.

Versuch-Nr.	Vorzündung in vH des Kolbenweges	t_z'' °C
66	0	1120
67	4,6	980
68	9,4	925
69	16,0	865
70	24,3	845

Von der Zündung im Totpunkt bis 24,3 vH Vorzündung sinkt die Temperatur um $\frac{1120 - 845}{1120} \cdot 100 = 24{,}6$ vH. Im Vergleich zu den Abgastemperaturen der ortfesten Gasmaschine, die bei Leuchtgasbetrieb etwa 400 °C betragen, erscheinen die Werte für t_z'' außerordentlich hoch. Daß sie bei 0 vH Vorzündung weit über 1000 °C liegen, findet seine Erklärung in der Tatsache, daß das Auspuffventil schon kurz nach Beginn der Expansion öffnet, die durch die Verbrennung hoch erhitzten Gase mithin keine Zeit haben, auf niedrige Temperaturen zu expandieren. Während bei Leuchtgasgemischen die Temperaturen durch großen Luftüberschuß herabgezogen werden, sind bei den starken Benzindampf-Luftgemischen von vornherein bei vollkommener Verbrennung hohe Temperaturen zu erwarten.

Die angegebene Berechnung vermag nur richtige Werte zu liefern für die Bedingung vollkommener Verbrennung der Ladung im Motor. Findet erhebliches Nachbrennen — was besonders bei Spätzündungen und Luftüberschuß wahrscheinlich ist — außerhalb der Maschine im Kalorimeter statt, so wird, da die gemessene Wärme Q_z in diesem Falle den durch Nachbrennen entstandenen Betrag einschließt, die wirkliche Abgastemperatur t_z'' niedriger sein, als sie die Rechnung ergibt. Es soll deshalb davon abgesehen werden, t_z'' für Versuche, bei denen die Bildung von Kohlenoxyd wahrscheinlich ist, auf rechnerischem Wege zu ermitteln.

Der Arbeitsprozeß des Fahrzeugmotors wird in hohem Maße von dem Verdampfungsvorgang beeinflußt. Der Versuch zeigte, daß ein störungsfreier Betrieb nur unter gewissen Voraussetzungen möglich war. Hierbei üben die physikalischen Eigenschaften des Brennstoffes einen erheblichen Einfluß auf das Vergasen aus. Bei den mit hohen Umlaufzahlen arbeitenden Maschinen kann man deshalb im allgemeinen nur leichtflüchtige Brennstoffe verwenden. Hierbei ist die Kenntnis der Wärme von Wichtigkeit, die zum Ueberführen in den gasförmigen Aggregatzustand erforderlich ist. Sie berechnet sich für Benzin und Benzol[1]) bei 15 °C und 1 at Druck zu

$$\lambda_{Benzin} = 0{,}50\,(92 - 15) + 74 = 112{,}5 \text{ WE/kg}$$
und
$$\lambda_{Benzol} = 0{,}44\,(80 - 15) + 93 = 121{,}6 \text{ »}.$$

Da bei vollkommener Verbrennung 1 kg Benzin 10160 WE, 1 kg Benzol 9280 WE[2]), bezogen auf Wasserdampf, in den Abgasen entwickelt, so betragen die zum Verdampfen notwendigen Wärmemengen nur 1,1 und 1,3 vH der im Brennstoff enthaltenen Verbrennungswärmen. Für Spiritus, der für Fahrzeugmotoren allerdings weniger in Betracht kommt, erreicht die Verdampfungswärme die Höhe von rd. 5 vH des Heizwertes.

Die für Benzin zum Vergasen erforderliche Wärme ist hiernach klein und kann leicht entweder der Luft entzogen, oder durch die an die Wandungen übergehende Wärmemenge geliefert werden.

Für das Verdampfen ist jedoch noch ein zweites Moment, die Zeit, von größter Bedeutung. Je rascher der Motor läuft, um so schneller muß die Verdampfung vor sich gehen: bei der Versuchsmaschine steht bei $n = 1400$ Uml./min hierfür nur eine Zeit von 0,022 sk zur Verfügung. Weiterhin wird die Stärke der Ladung und damit das Mischungsverhältnis den Vorgang beeinflussen; bei gleicher Temperatur wird die Verdampfungsgeschwindigkeit um so größer sein, je kleiner die Benzinmenge ist, die in die Raumeinheit Luft eingeführt wird.

Zur näheren Untersuchung dieser Verhältnisse dienen die Versuche 76 bis 95, bei denen durch Vorwärmen der angesaugten Luft auf eine bestimmte Temperatur ein Einfluß auf den Verdampfungsprozeß ausgeübt werden konnte.

Mit der Vergasung ist stets eine Temperaturabnahme verbunden, indem die zum Wechsel des Aggregatzustandes notwendige Wärme der Umgebung entzogen werden muß. Dieser Temperaturabfall soll für Benzin zunächst unter der Annahme vollständigen Verdampfens für verschiedene Mischungsverhältnisse berechnet werden. Für das chemische Mischungsverhältnis $\frac{L}{L_{chem}} = 1$ erhält man die spezifische Wärme des Gemisches bei unveränderlichem Druck, bezogen auf 1 kg Benzin

$$c_p = 1 \cdot 0{,}50 + 12{,}57 \cdot 1{,}180 \cdot 0{,}24 = 3{,}98,$$

wobei 1,180 kg das Gewicht von 1 cbm Luft bei 15 °C und 1 at und 0,24 die spezifische Wärme der Luft bei unveränderlichem Druck bedeutet. Da die Gesamtwärme des Benzins 120 WE/kg beträgt, so entsteht bei vollständigem Verdampfen der Gewichtseinheit eine Temperaturerniedrigung von

$$\varDelta t = \frac{120}{3{,}98} = 30{,}2 \text{ °C}.$$

---

[1]) Landolt und Börnstein 1905 S. 400, 478.
[2]) Dieser Wert wurde durch Verbrennung im Kalorimeter von Junkers ermittelt.

Zur Berechnung der Temperatur, bei der für $\frac{L}{L_{chem}} = 1$ die Luft mit Benzindampf gesättigt ist, muß der Partialdruck des Benzindampfes ermittelt werden. Nach dem Mariotte-Gay-Lussacschen Gesetz gilt für Luft

$$P_l V = G_l R_l T,$$

für Benzindampf

$$P_d V = G_d R_d T.$$

Wegen $P = P_l + P_d$ erhält man

$$P_d = \frac{G_d R_d}{G_l R_l + G_d R_d} P.$$

Für $\frac{L}{L_{chem}} = 1$ wird $G_d = 1$ kg und $G_l = 14{,}678$ kg, mithin bei Atmosphärendruck

$$p_d = \frac{1 \cdot 7{,}93 \cdot 737{,}4}{14{,}678 \cdot 29{,}3 + 1 \cdot 7{,}93} = 13{,}3 \text{ mm Q.-S.}$$

Diesem Druck entspricht nach der Spannungskurve des Benzins eine Sättigungstemperatur von $-24{,}3$ °C. Da das Verdampfen eine Temperaturabnahme von $30{,}2$ °C zur Folge hat, so muß die Minimaltemperatur der Luft mindestens $-24{,}3 + 30{,}2 = +5{,}9$ °C sein, damit vollständiges Verdampfen überhaupt möglich ist. In der Zahlentafel 11 sind die Werte zusammengestellt, die für alle Mischungsverhältnisse von 40 vH Luftmangel bis 40 vH Luftüberschuß berechnet worden sind. Das Diagramm Fig. 30 zeigt, daß der Temperaturabfall um so kleiner wird, je schwächer das Gemisch ist.

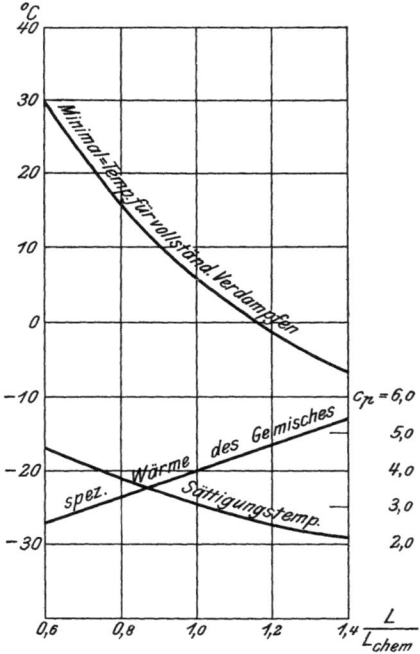

Fig. 30. Temperaturabfall für vollständiges Verdampfen bei verschiedenem Mischungsverhältnis.

In den meisten Fällen wird nur ein Teil des Brennstoffes im Vergaser verdampfen, da vollständiges Verdampfen eine Zeit erfordert, die bei rasch laufenden Motoren nicht zur Verfügung steht. Nach dem Gesetz von Dalton kann die Geschwindigkeit der Verdampfung einer Flüssigkeit bei bestimmter Temperatur annähernd proportional gesetzt werden der Differenz zwischen der

— 38 —

Zahlentafel 11.

		0,6	0,7	0,8	0,9	1,0	1,1	1,2	1,3	1,4
1	Mischungsverhältnis $\frac{L}{L_{chem}}$	0,6	0,7	0,8	0,9	1,0	1,1	1,2	1,3	1,4
2	1 kg Benzin erfordert an Luft kg	8,80	10,28	11,71	13,19	14,68	16,15	17,60	19,08	20,52
3	Sättigungsdruck des Benzindampfes . . . . mm Q.-S.	21,9	18,9	16,6	14,8	13,3	12,1	11,2	10,3	9,6
4	entsprechende Sättigungstemperatur . . . . ⁰C	—16,8	—19,1	—20,7	—22,6	—24,3	—25,8	—27,1	—28,2	—29,4
5	spez. Wärme des Gemisches für gleichbleibenden Druck, bezogen auf 1 kg Benzin . .	2,59	2,94	3,28	3,63	3,98	4,34	4,68	5,02	5,37
6	Temperaturabnahme bei vollständigem Verdampfen von 1 kg Benzin. . . . . . . ⁰C	46,4	40,8	36,6	33,1	30,2	27,7	25,7	23,9	22,4
7	Minimaltemperatur der zugeführten Luft für vollständiges Verdampfen von 1 kg Benzin . . . . »	+29,6	+21,7	+15,9	+10,5	+5,9	+1,9	—1,4	—4,3	—7,0

dieser Temperatur entsprechenden höchsten Dampfspannung, dem Sättigungsdruck p_s und der tatsächlich vorhandenen Dampfspannung p. Hierbei wird die Intensität der Verdampfung durch die Zunahme des Dampfdruckes in der Zeiteinheit gekennzeichnet sein. Bezeichnet $\frac{dp}{d\tau}$ den Differentialquotienten des Druckes nach der Zeit, so ist

$$\frac{dp}{d\tau} = k\,(p_s - p).$$

Der Einfluß des äußeren Druckes kann hierbei unberücksichtigt bleiben, da dieser bei den Versuchen am Motor nahezu unveränderlich ist und nur wenig von der Atmosphäre abweicht. Durch Integration ergibt sich für die Steigerung des Dampfdruckes von p_1 auf p_2 die Zeit

$$\tau = \frac{1}{k} \ln \frac{p_s - p_1}{p_s - p_2}.$$

Für $p_2 = p_s$ ist eine unendlich große, oder, da das Gesetz nicht streng gültig ist, eine sehr lange Zeit erforderlich, um Sättigung der Gemischluft herbeizuführen. Da das Benzin dem Vergaser flüssig zugeleitet wird, so ist $p_1 = 0$, p_s ist je nach dem Mischungsverhältnis verschieden und der Zahlentafel 11, Spalte 3 zu entnehmen. Führt man anstelle der natürlichen, Briggsche Logarithmen ein, so wird

$$\tau = k' \log \frac{p_s}{p_s - p_2},$$

wobei $k' = \frac{2{,}3026}{k}$ und k eine von den physikalischen und chemischen Eigenschaften des Benzins abhängige Konstante ist.

Der Temperatur $t = 15^0$ C entspricht nach der Spannungskurve des Benzins der Sättigungsdruck $p_s = 94$ mm Q.-S. Da für $\frac{L}{L_{chem}} = 1$ der Partialdruck des Benzindampfes $p_2 = 13{,}3$ mm Q.-S. beträgt, so wird

$$\tau = k' \log \frac{94}{94 - 13{,}3} = 0{,}06633\,k'.$$

Das Diagramm Fig. 31 zeigt für verschiedene Temperaturen die Abhängigkeit der zum Verdampfen erforderlichen Zeit vom Mischungsverhältnis. Die Betrachtung lehrt, daß die Verdampfungsgeschwindigkeit besonders bei niedrigen Temperaturen um so rascher zunimmt, je schwächer das Gemisch ist. Bei

0 °C und 40 vH Luftüberschuß ist sie rd. 2,7 mal so groß, als bei 0° C und 40 vH Luftmangel.

Es drängt sich hierbei die Frage auf, mit welchen Hülfsmitteln kann beim Fahrzeugmotor eine raschere Verdampfung verwirklicht werden? In der Hauptsache kommen zwei Wege in Betracht: entweder man gibt dem Gemisch einen erheblichen Luftüberschuß, oder man steigert die Temperatur der angesaugten Luft. Fig. 31 zeigt, daß die Verdampfung gleich schnell erfolgt bei 0° und

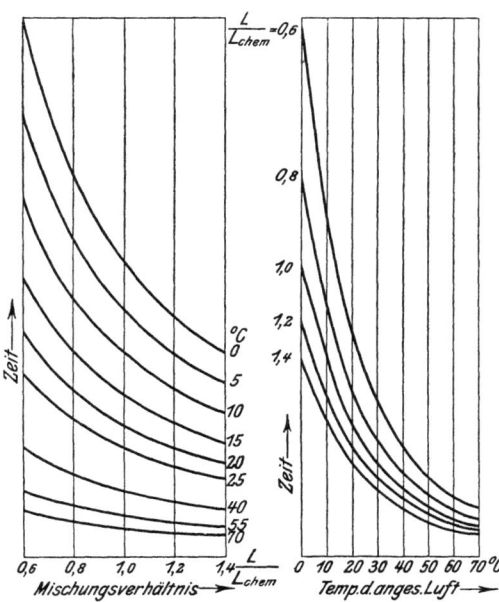

Fig. 31 und 32. Verdampfungsgeschwindigkeit des Benzins, abhängig vom Mischungsverhältnis und der Temperatur der angesaugten Luft.

40 vH Luftüberschuß oder bei 20° und 34 vH Luftmangel. Beide Wege sind nur in beschränktem Maße gangbar: großer Luftüberschuß beeinträchtigt die Zündfähigkeit des Gemisches, starke Vorwärmung setzt den Lieferungsgrad und damit die spezifische Leistung herab. Immerhin ist der zweite Weg vorzuziehen, da die Verdampfungsgeschwindigkeit mit steigender Temperatur außerordentlich rasch wächst und demnach schon eine geringe Wärmezufuhr genügt, um rasches Verdampfen zu erzielen. In Fig. 32 sind Kurven gleichbleibenden Mischungsverhältnisses abhängig von der Temperatur der angesaugten Luft aus Fig. 31 hergeleitet, die den Einfluß der Vorwärmung besonders anschaulich machen.

Diese Darlegungen führen zu dem Schluß, daß zur Erzielung raschen Verdampfens die Anfangstemperatur der Luft um so höher über der niedrigsten Temperatur liegen muß, je größer die Schnelligkeit des Motors und je geringer der Luftüberschuß ist.

Auf Grund des gemessenen Temperaturabfalls Δt, den die Verdampfung des Benzins ergibt, kann man eine Entscheidung der Frage treffen, ob bei der im Vergaser herrschenden Temperatur ein homogenes Dampf-Luftgemisch vorhanden ist, oder ob sich noch ein Teil des eingespritzten Brennstoffes im flüssigen Zustand befindet. Für vollständiges Verdampfen ist die Temperaturdifferenz für ein bebestimmtes Mischungsverhältnis dem Diagramm Fig 30 zu entnehmen. Setzt man Δt zu dieser Temperaturdifferenz ins Verhältnis, so ergibt der Quotient x

die spezifische Dampfmenge des Gemisches. Erreicht x den Wert 1, so ist vollständiges Verdampfen eingetreten.

Für sämtliche Versuche, die ohne Vorwärmen der angesaugten Luft stattfanden, ist x erheblich kleiner als 1, d. h. das Gemisch enthält bei Eintritt in den Zylinder einen großen Teil flüssigen Benzins in zerstäubter Form. Steigende Vorwärmung wirkt auf Verminderung dieses Anteils hin.

Im Diagramm Fig. 33 ist x als Funktion der Ansaugetemperatur der Luft dargestellt. Es zeigt sich das überraschende Ergebnis, daß das Minimum des Wärmeverbrauches in den Diagrammen Fig. 21 bis 25 Seite 27 den Temperaturen entspricht, bei denen nach Fig. 33 $x = 1$, d. h. vollständiges Verdampfen eingetreten ist. Trotzdem der Lieferungsgrad η_λ mit steigender Temperatur fällt, bleibt

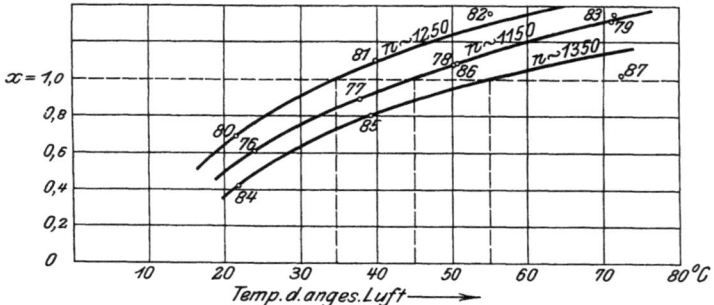

Fig. 33. Spezifische Dampfmenge x im Vergaser, abhängig von der Temperatur der angesaugten Luft.

die effektive Leistung bis zur Erreichung des günstigsten Wärmeverbrauches unverändert. Da die Versuche für 3 verschiedene Umlaufzahlen und verschieden starke Ladungen durchgeführt wurden, so darf allgemein der Schluß gezogen werden, daß es sich für eine gute Ausnutzung des Kreisprozesses empfiehlt, den gesamten Brennstoff schon vor Eintritt in den Motor zu verdampfen.

Der Grund für die Tatsache, daß vollständiges Verdampfen schon außerhalb des Zylinders den besten Wärmeverbrauch bedingt, wird durch die Versuche dahin erschlossen, das der durch das Vergasen des Benzins bedingte Temperaturabfall seinen Höchstwert erreicht, der für jedes Mischungsverhältnis durch den rein physikalischen Vorgang des Verdampfens bestimmt ist. Infolge der Zunahme der spezifischen Luftmenge wird die Verbrennung in steigendem Maße verbessert. Der Einfluß wächst mit höherer Umlaufzahl. Bei rd. 1150, 1250 und 1350 Uml./min nimmt die auf 1 kg Benzin zugeführte Luftmenge durch Vorwärmen um 4,6, 6,3 und 10,1 vH zu.

Bei höheren Temperaturen steigt der spezifische Wärmeverbrauch. Trotzdem die Verdampfung auch hier sicher vollständig ist, wird die Verbrennung infolge abnehmender spezifischer Luftmenge schlechter. Bei den angegebenen Umlaufzahlen sinkt sie um 7,8 11,1 und 8,0 vH. Bei weiterem Zunehmen der Lufttemperaturen klingen die Explosionen schärfer, und der Gang des Motors wird durch Stöße, die die Folge von Unregelmäßigkeiten im Zündungsvorgang sind, beeinträchtigt. Bei rd. 75 °C war die Grenze erreicht, bis zu der mit Rücksicht auf den Beharrungszustand die Vorwärmung der angesaugten Luft höchstens gesteigert werden konnte.

Für die Versuche, bei denen die Vorwärmung 60 °C überschreitet, ergibt die Rechnung $x > 1$, d. h. der Temperaturabfall erscheint größer, als er nach dem physikalischen Prozeß erwartet werden kann. Der Grund hierfür liegt in dem Umstand, daß bei hohen Temperaturen ein großer Temperaturunterschied zwischen angesaugter Luft und Raumtemperatur herrscht, wodurch — da Luftleitung und Vergaser ohne Wärmeschutz sind — eine erhebliche Wärmemenge durch Leitung und Strahlung verloren wird: in diesem Fall ist Δt und damit x kleiner, als die Messung ergibt.

Die Versuche 88 bis 95 zeigen in bezug auf die Verdampfung dieselben Ergebnisse wie 76 bis 87. Die Vermutung, daß der Verdampfungsvorgang dadurch verbessert werden könnte, daß man dem Gemisch bis zum Eintritt in den Zylinder einen längeren Weg — er betrug bei den Versuchen 1,90 m — zur Verfügung stellte, bestätigte sich nicht. Man mußte auch in diesem Falle die Luft bis auf die gleichen Temperaturen vorwärmen, um vollständiges Verdampfen und damit den günstigsten Wärmeverbrauch zu erhalten. Die Temperaturen des Gemisches unmittelbar am Eintrittventil gemessen, sind stets höher als die Temperaturen nach Austritt aus dem Vergaser. Der Schluß, daß auf dem langen Weg ein Teil des Benzindampfes kondensiert und die höheren Werte eine Folge der Abgabe der Kondensationswärme sind, erscheint sofort als unhaltbar, wenn man bedenkt, daß die Sättigungstemperaturen des Gemisches im ungünstigsten Fall mindestens — 17 °C betragen, die gemessenen Temperaturen mithin hoch über der Kondensationsgrenze liegen. Es besteht die Vermutung, daß die Angaben der Thermometer von dem Dampfzustand des im Luftstrom enthaltenen Benzins nicht unbeeinflußt sind. Für die vorliegenden Versuche ist diese Unstimmigkeit ohne Belang: denn, obwohl der Temperaturunterschied Δt im zweiten Falle kleiner erscheint, bildet auch hier möglichst vollständiges Verdampfen im Vergaser die Grundbedingung für gute Wärmeausnutzung.

Die der Versuchsmaschine eigentümliche Regelung dürfte nur für den praktischen Gebrauch am Fahrzeug von Vorteil sein, wo der erhöhte Brennstoffbedarf erst in zweiter Linie in Betracht kommt und die Einfachheit der Konstruktion vorherrschend ist. Für die thermische Beurteilung verliert die Einrichtung um so rascher an Wert, je mehr sich die Leistung dem Leerlauf nähert. Die Mischung der frischen Ladung mit den zurückbleibenden Abgasen wird unter halber Belastung so unvollständig, daß das Gemisch schwer zündbar wird und ein großer Teil unverbrannt den Motor verläßt. Nach den Versuchen 96 bis 100 steigt der auf unvollkommene Verbrennung entfallende Anteil von rd. 5 bis auf 33,6 vH der in den Kreisprozeß eingeführten Wärmemenge.

In der technischen Literatur sind in letzter Zeit Abhandlungen von Lutz[1]) und Watson[2]) erschienen. Ersterer untersuchte hauptsächlich die Regelungsverfahren und die Beziehungen zwischen Maschinenleistung und Fahrgeschwindigkeit. Die Versuche von Watson sind zum Vergleich einiger in vorliegender Arbeit gewonnener Ergebnisse besonders geeignet, da bei ihnen der Einfluß des Mischungsverhältnisses hervortritt. In folgender Zahlentafel 12 sind die Werte derjenigen Versuche, bei denen der geringste Wärmeverbrauch und die höchste Leistung in Abhängigkeit vom Mischungsverhältnis ermittelt wurden, auf metrisches Maß umgerechnet, zusammengestellt. Hierbei wurden jedoch nur die Versuche herausgegriffen, für die die Versuchsmaschine das gleiche Kompressionsverhältnis $\varepsilon = 4{,}35$ besaß (vergl. Seite 3).

Im Mittel findet Watson aus sämtlichen Versuchen die Höchstleistung der Maschine bei einem Mischungsverhältnis von 11,6 Gewichtsteilen Luft zu 1 Gewichtsteil Benzin, entsprechend $\dfrac{L}{L_{chem}} = 0{,}782$, d. h. bei 21,8 vH Luftmangel. Die

---
[1]) Mitteilungen über Forschungsarbeiten Heft 69.
[2]) Engineering 1909 S. 763. The incorporated Institution of Automobile Engineers 1909 S. 387.

Zahlentafel 12.

minutliche Umlaufzahl n	effektive Leistung PS	Mischungsverhältnis $\frac{L}{L_{chem}}$	stündlicher Benzinverbrauch für 1 PSe kg	thermischer Wirkungsgrad, bezogen auf die effektive Leistung	
1195	15,5	1,17	0,279	0,220	geringster Wärmeverbrauch
1040	14,0	1,18	0,295	0,214	
655	8,5	1,27	0,305	0,201	
1265	19,1	0,80	0,344	0,179	höchste Leistung
1103	17,0	0,86	0,328	0,187	
719	11,4	0,74	0,428	0,143	

Versuche des Verfassers ergaben in bester Uebereinstimmung damit die größte Leistung bei $\frac{L}{L_{chem}} = 0{,}775$, d. h. 22,5 vH Luftmangel (Versuch Nr. 50, Seite 22). Als besonders bemerkenswert verdient die Tatsache hervorgehoben zu werden, daß die Höchstleistung in beiden Fällen bei demjenigen Mischungsverhältnis erzielt wurde, für das die Zündgeschwindigkeit der Ladung ihren oberen Grenzwert erreicht (vergl. S. 45 und 46).

Der geringste Wärmeverbrauch wurde bei den englischen Versuchen bei einem Mischungsverhältnis von 16,9 zu 1, entsprechend $\frac{L}{L_{chem}} = 1{,}14$, d. i. 14 vH Luftüberschuß erhalten. Auch hierin ergibt sich eine Uebereinstimmung mit dem in der vorliegenden Arbeit gefundenen Ergebnis $\frac{L}{L_{chem}} = 1{,}10$ (S. 21 und 31).

Es muß demnach als erwiesen angesehen werden, daß Fahrzeugmotoren im allgemeinen mit Gemischen arbeiten, deren Stärke in der Nähe des chemischen Mischungsverhältnisses liegt. Die größte Leistung jedoch können diese Maschinen nur auf Kosten der Wirtschaftlichkeit und Güte der Verbrennung entwickeln.

Trotzdem bestätigen die Ergebnisse der vorliegenden Versuche die Tatsache, daß das Kraftwagenwesen in dem mit hohen Umlaufzahlen arbeitenden Fahrzeugmotor eine Verbrennungskraftmaschine besitzt, deren Wirkungsgrad dem der besten ortfesten Gasmaschinen an die Seite gestellt werden kann. Die gute thermische Ausnutzung des Brennstoffes erfordert in erster Linie eine Vergaserkonstruktion, durch welche für Benzin ein nahezu vollständiges Verdampfen gewährleistet wird, und die bei allen Belastungen die Bildung eines homogenen Gemisches gestattet, das im Motor vollkommen verbrannt werden kann. Der Hauptnachteil vieler Motoren der Gegenwart dürfte darin zu erblicken sein, daß die Verbrennung infolge Luftmangels mehr oder weniger unvollständig ist. In dieser Hinsicht wird es vorteilhaft sein, die Wechselbeziehungen der Vorgänge im Vergaser festzustellen, um an Hand wissenschaftlicher Versuche theoretische Grundlagen zu gewinnen, die für die Vergaserkonstruktionen der Praxis verwertet werden können.

A) Indikatordiagramme für verschiedene Leistung.

Versuch Nr. 18, 42, 48. Federmaßstab: 1 at rd. 2 mm.

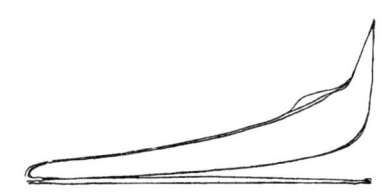

Versuch Nr. 18. $N_e = 3{,}601$ PS, $n = 1119{,}7$.
Gemisch stark gedrosselt.

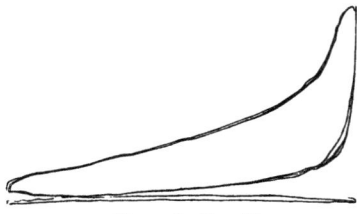

Versuch Nr. 42.
$N_e = 4{,}792$ PS, $n = 1147{,}7$.

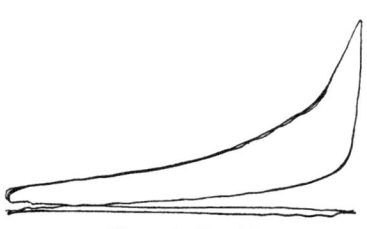

Versuch Nr. 48.
$N_e = 5{,}802$ PS, $n = 1254{,}0$.

B) Einfluß der Vorzündung auf das Indikatordiagramm.

Versuch Nr. 66, 56, 57, 58, 60.

Versuch Nr. 66. Zündung im Totpunkt.
$N_e = 1{,}850$ PS, $n = 1339{,}5$.

Versuch Nr. 56. Zündung im Totpunkt.
$N_e = 2{,}193$ PS, $n = 1215{,}0$.

Versuch Nr. 57. 4,6 vH Vorzündung.
$N_e = 4{,}691$ PS, $n = 1217{,}0$.

Versuch Nr. 58. 9,4 vH Vorzündung.
$N_e = 4{,}979$ PS, $n = 1224{,}5$.

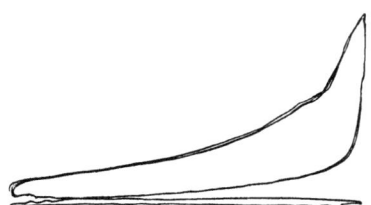

Versuch Nr. 60. 24,3 vH Vorzündung. $N_e = 5{,}991$ PS, $n = 1236{,}0$.

VI) Anhang.

Die Zündgeschwindigkeit von Benzindampf-Luftgemischen.

Die Tatsache, daß bei Spätzündungen rd. 50 vH der in den Kreisprozeß eingeführten Wärmemenge erst außerhalb des Zylinders im Kalorimeter nachgewiesen wurde, beweist, daß die Zeit der Verbrennung im Fahrzeugmotor eine hervorragende Rolle spielt. Selbst bei der Annahme vollkommner Diffusion des eingespritzten Brennstoffes und der Anwesenheit einer ausreichenden Menge Sauerstoffes wird eine gute thermische Ausnutzung nur dann sichergestellt sein, wenn für die Verbrennung eine genügend lange Zeit zur Verfügung steht. Wenn auch das Mischungsverhältnis in erster Linie auf die Verbrennung von Einfluß ist, so kann die entwickelte Wärme für die Leistung der Maschine nur nutzbar gemacht werden, solange der Prozeß möglichst vollständig während des Arbeitshubes erfolgt. Je später die Zündung im Motor stattfindet, um so weiter entfernt sich die Drucksteigerung im Indikatordiagramm von der Bedingung der Verbrennung bei unveränderlichem Volumen.

Die Kolbengeschwindigkeit liegt bei der Versuchsmaschine zwischen 0 und 8,8 m/sk. Es ist von Bedeutung, mit diesen Größen die Zündgeschwindigkeit von Benzindampf-Luftgemischen zu vergleichen.

Zu ihrer zahlenmäßigen Ermittlung wurden Explosionsversuche an der Langenschen Bombe des Instituts vorgenommen, die von Herrn Professor Dr. Nägel gelegentlich seiner Untersuchungen über die Zündgeschwindigkeit explosibler Gasgemische[1]) mit einer völlig neuen Ausrüstung versehen worden war. Da die Versuchseinrichtung ohne irgend welche Abänderungen benutzt werden konnte, so ist von einer Beschreibung an dieser Stelle abgesehen und auf die angeführten Quellen verwiesen.

Die Versuche wurden derart durchgeführt, daß die Zündgeschwindigkeit der Benzindampf-Luftgemische in ihrer Abhängigkeit vom Mischungsverhältnis und Anfangsdruck der Ladung zum Ausdruck kam. Das Bereich des Mischungsverhältnisses wurde soweit ausgedehnt, daß sichere Grundlagen für die Grenzen der Zündfähigkeit des Gemisches gewonnen wurden.

Der Rauminhalt der Bombe wurde durch Wasserfüllung zu 33,415 ltr bestimmt. Die Herstellung der Ladung erforderte wegen des Vergasens des flüssigen Benzins besondere Maßnahmen.

In einem U-Rohr, das an beiden Enden seitliche Ansätze trug, die durch drehbare Glastopfen verschlossen werden konnten, wurde eine zur Erreichung eines gewissen Mischungsverhältnisses näherungsweise berechnete Menge flüssigen Benzins auf der analytischen Wage gewogen. Nachdem die Bombe bis auf rd. 0,008 at absolut ausgepumpt worden war und das Wasserbad, in dem sie sich befand, die Temperatur 40° C angenommen hatte, schloß man das mit Benzin gefüllte U-Rohr an das Einlaßventil an. Durch Drehen des einen Glastopfens wurde das Innere des Rohres mit dem Bombenraum in Verbindung gebracht und infolge des hohen Vakuums ein lebhaftes Verdampfen des Benzins erreicht. Nach vollständigem Vergasen wurde der Partialdruck des Benzindampfes am Quecksilbermanometer abgelesen. Hierauf wurde der zweite Glastopfen geöffnet und so lange Luft durch das U-Rohr in die Bombe gesaugt, bis das Manometer 1 at abs. anzeigte. Arbeitete man mit höheren Drücken, so

---

[1]) Mitteilungen Heft 54; Zeitschrift des Vereines deutscher Ingenieure 1908 S. 244.

blieb das Verfahren das gleiche. Nur der Rest der zugeführten Luft wurde mit Hülfe des Kompressors in die Bombe gedrückt. Zur Druckmessung diente bei 2,5 und 5,0 at abs. Anfangsdruck ebenfalls ein Quecksilbermanometer. Hierauf wurde die Zündung eingeleitet und das photographische Diagramm genommen. Zu gleicher Zeit befanden sich die Morse-Apparate in Tätigkeit, welche den Papierstreifen schrieben, aus dem die Zeit der Verbrennung ermittelt wurde.

Das Mischungsverhältnis der Ladung wurde auf folgende Weise bestimmt. Es bedeutet:

G_d das Gewicht der verdampften Benzinmenge in kg,
P_d den Partialdruck des Benzindampfes in kg/qm,
P den Gesamtdruck der Ladung in kg/qm,
V_l das Volumen der Luft in der Bombe in cbm bei der absoluten Temperatur T und dem Druck P,
$V = 0{,}033415$ cbm das Volumen der Bombe (S. 43),
$R_d = 7{,}93$ die Gaskonstante des Benzindampfes (S. 14).

Dann ist

$$P_d = \frac{G_d R_d T}{V}$$

und

$$V_l = V - \frac{G_d R_d T}{P}.$$

Der berechnete Partialdruck des Benzindampfs stimmte mit dem durch das Quecksilbermanometer gemessenen Druck gut überein. Bei mehreren Versuchen wurde die Luftmenge, die in die Bombe eingesaugt wurde, durch eine vorgeschaltete Luftuhr bestimmt. Die Uebereinstimmung mit dem analytisch gefundenen Wert war völlig genügend. Für jeden Versuch wurde die Luftmenge auf den Normalzustand von 15° C und 1 at umgerechnet und auf 1 kg Benzin bezogen. Da die zur vollkommenen Verbrennung der Gewichteinheit erforderliche Luftmenge 12,57 cbm beträgt, so gibt der Quotient $\frac{L}{L_{chem}}$ beider Größen unmittelbar ein Maß für das Mischungsverhältnis.

Aus dem photographischen Diagramm wurde die Abszisse z der Verbrennungslinie abgegriffen. Sie beginnt 73,8 mm vor der Zündmarke m und endet mit dem Fußpunkt der Senkrechten, die der größten Drucksteigerung entspricht. Als Beispiel ist das Diagramm für Versuch 9 wiedergegeben. Da die Zeit einer Trommelumdrehung durch die Morseapparate bestimmt ist und die Länge des Diagramms gemessen wurde, so ist der Zeitwert für 1 mm Diagrammlänge festgelegt. Das Produkt aus dieser Größe und der Abszisse der Verbrennungslinie in Millimetern ergibt unmittelbar die Dauer der Verbrennung in Sekunden. Da die Zündung im Mittelpunkt der Bombe, die als Kugel ausgebildet ist und deren Halbmesser 0,20 m beträgt, erfolgt, so schreitet die Verbrennung in der berechneten Zeit um diese Wegstrecke fort. Hiermit ist die mittlere totale Zündgeschwindigkeit der entflammten Ladung bestimmt.

Es wurden Versuchsreihen bei 3 verschiedenen Anfangsdrücken 1,00, 2,50 und 5,00 at abs. durchgeführt. Innerhalb jeder Reihe wurde das Mischungsverhältnis so weit geändert, bis die Zündfähigkeit der Ladung die Grenze erreicht hatte. Die ermittelten Werte sind in der Zahlentafel 13 zusammengestellt. Das Diagramm Fig. 34 zeigt die Zündgeschwindigkeit als Funktion des Mischungsverhältnisses. Der Abszissenabschnitt $\frac{L}{L_{chem}} = 1$ entspricht der chemischen Luftmenge, die zur vollkommenen Verbrennung der Gewichteinheit Benzin notwendig ist. Bisweilen war es mit besonderer Schwierigkeit verknüpft, die Ladung zu zünden, sobald das Gemisch an der Grenze der Zündfähigkeit lag. Eine Erhöhung der Temperatur des Wasserbades erleichterte in diesem Falle das

Zahlentafel 13.

1	2	3	4	5	6	7	8	9	10	11	12
Nr. des Versuches und des Diagrammes	verdampfte Benzinmenge	Partialdruck des Benzindampfes	Luftmenge (15^0 1 at) für 1 kg Benzin	Mischungsverhältnis	Anfangstemperatur	Zeitwert der Diagrammlänge	Zeitwert für 1 mm Diagrammlänge	Diagrammabszisse der Verbrennung	Dauer der Verbrennung	mittlere totale Zündgeschwindigkeit	Enddruck nach der Verbrennung Zündgeräusch
	g	at	cbm	$\frac{L}{L_{chem}}$	^{0}C	sk	10^{-3} sk	mm	sk	msk^{-1}	at

Anfangsdruck 1,00 at.

1	5,4438	0,0404	5,42	0,431	40	—	—	—	—	—	—
2	5,3547	0,0397	5,52	0,440	40	0,6040	2.131	961,2	2,049	0,098	1,163
3	4,7128	0,0350	6,30	0,501	40	0,4168	1,468	504,0	0,738	0,271	—
4	4,4399	0,0329	6,70	0,534	40	0,0908	0,3189	1126,4	0,359	0,557	—
5	4,2791	0,0318	6,96	0.555	40	0,2190	0,7690	241,3	0,186	1,077	—
6	3,9240	0,0291	7,61	0,606	40	0,0825	0,2898	420,5	0,122	1,643	—
7	3,5824	0,0266	8,35	0,665	40	0,0888	0,3130	321,1	0,1006	1,990	Pf.
8	3,2861	0,0244	9,13	0,726	40	0,0991	0,3500	260,1	0,0910	2,195	—
9	3,2295	0,0240	9,29	0,739	40	0.1192	0,4200	205,8	0,0864	2,318	—
10	3,1007	0,0230	9,59	0,763	40	0,1425	0,5030	175,8	0,0882	2,268	—
11	2,7303	0,0203	11,04	0,880	40	0,1510	0,5330	176,9	0,0942	2,121	—
12	2,4056	0,0179	12,55	0,998	40	0,1696	0,6000	180,8	0,1084	1,846	—
13	2,1241	0,0158	14,25	1,135	40	0,2014	0,7130	251,7	0,1794	1,116	—
14	1,9181	0,0142	15,80	1,259	50	0,3970	1,390	162,5	0,2260	0,885	—
15	1,9091	0,0142	15,89	1,262	50	0,2509	0,8850	297,7	0,2630	0,759	—
16	1,8561	0,0138	16,33	1,300	80	0,5780	2,039	324,1	0,6608	0,303	—
17	1,7967	0,0134	16,89	1,342	80	—	—	—	—	—	—

Anfangsdruck 2,50 at.

18	13,8882	0,1030	5,31	0,424	40	—	—	—	—	—	—
19	12,0081	0,0891	6,18	0,492	40	0,4290	1,513	1098,9	1,661	0,120	2,70
20	10,5538	0,0783	7,06	0,564	40	0,4580	1,615	175,9	0,2840	0,703	schw. Pf.
21	8,8990	0,0661	8,41	0,670	40	0,2635	0,928	104,9	0,0972	2,055	2,66 st. Hl.
22	7,4945	0,0556	10,04	0,800	40	0,1700	0,602	141,2	0,0850	2,358	— Hl.
23	7,0506	0,0524	10,68	0,850	40	0,1830	0,646	146,7	0,0947	2,112	2,44 Pf.
24	6,6488	0,0494	11,34	0,904	40	0,2590	0,917	97,8	0,0896	2,233	—
25	5,9213	0,0404	12,78	1,018	40	0,2224	0,785	140.2	0,1101	1,818	2,32
26	5,1674	0,0384	14,65	1,167	40	0,6490	2,300	68,8	0,1582	1,262	—
27	4,3268	0,0321	17,55	1,400	40	0,7610	2,689	115,9	0,3111	0,642	—
28	3,8124	0,0283	19,84	1,580	40	—	—	—	—	—	—

Anfangsdruck 5,00 at.

29	9,3082	0,0691	16,30	1,300	40	0,5220	1,837	134,8	0,2477	0,808	4,68
30	10,0732	0,0748	15,04	1,200	40	0,4830	1,706	123,3	0,2101	0,951	—
31	10,7889	0,0801	14,04	1,120	40	0,5740	2,020	79,8	0,1613	1,240	4,69
32	12,4631	0,0926	12,10	0,964	40	0,2571	0,910	119,7	0,1090	1,838	schw. Pf.
33	13,9641	0,1037	10,78	0,858	40	0,2054	0,726	123,7	0,0898	2,227	— Pf.
34	16,1435	0,1199	9,31	0,741	40	0,1661	0,587	132,8	0,0779	2,566	4,79 Pf.
35	16,3316	0,1212	9,19	0,730	40	—	—	—	—	—	— st. Hl.
36	17,9181	0,1330	8,35	0,665	40	—	—	—	—	—	— st Hl.

Bemerkung über das Zündgeräusch: Pf. = Pfeifen, Hl. = Heulen.

Entflammen. Von großer Bedeutung für die Zündung schien die Gegenwart besonders flüchtiger Kohlenwasserstoffe des Destillats zu sein. Trotzdem das Gefäß, dem die Proben entnommen wurden, nur für Augenblicke geöffnet war, ließ die Zündfähigkeit rasch nach. Es wurde deshalb stets dafür Sorge getragen, daß nach ungefähr 5 Versuchen der Inhalt erneuert wurde.

Die Versuche zeigen, daß die Zündgeschwindigkeit der Benzindampf-Luftgemische verhältnismäßig wenig vom Druck abhängt. Für gleichbleibenden Druck zeigt sie je nach dem Brenngasgehalt der Ladung verschiedene Werte.

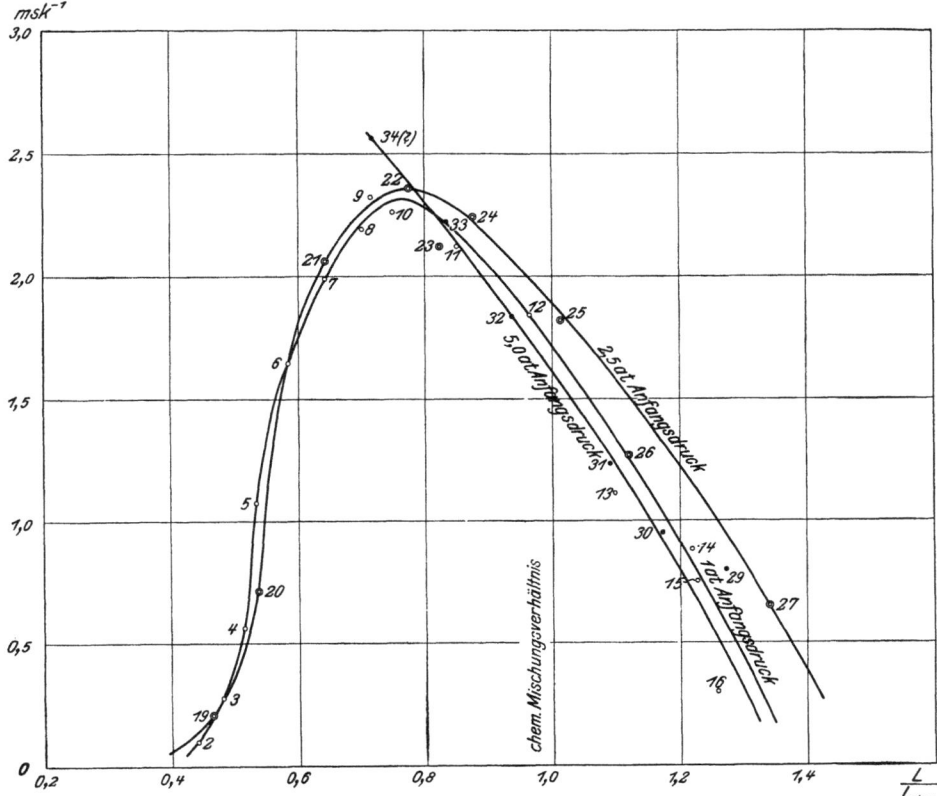

Fig. 34. Zündgeschwindigkeit von Benzindampf-Luftgemischen bei verschiedenem Mischungsverhältnis und verschiedenem Anfangsdruck der Ladung.

Dabei erstreckt sich die Zündfähigkeit des Gemisches bis weit unter das chemische Mischungsverhältnis, während die obere Grenze schon bei einem geringen Luftüberschuß erreicht ist. Die Gesetzmäßigkeit bleibt jedoch immer gewahrt, daß die Zündgeschwindigkeit bei verschiedenem Brennstoffgehalt vom Wert null bis zu einem Höchstwert ansteigt und hierauf wieder bis auf null fällt. Dabei ist zu beachten, daß die größte Zündgeschwindigkeit nicht dem chemischen Mischungsverhältnis entspricht, sondern derjenigen Ladung zukommt, die rd. 25 vH Luftmangel besitzt.

Aus der Verbrennungsgleichung folgt, daß für 1 Raumteil Benzindampf mindestens 55 Raumteile Luft erforderlich sind, um vollständige Verbrennung herbeizuführen. Bei 1 at Gesamtdruck enthält die schwächste Ladung (Versuch 16) 1,40, das stärkste Gemisch (Versuch 2) 4,13 Volumenprozente Brenngas. Die Zündfähigkeit der Ladung erlischt, sobald auf 1 Raumteil Benzindampf mehr als 71,6 oder weniger als 24,2 Raumteile Luft entfallen. Diese Grenzen werden durch Steigerung des Anfangsdruckes nur unwesentlich verschoben.

Die Verbrennungslinien im Indikatordiagramm verlaufen in der Regel ohne Schwingungen. Nur in der Nähe der höchsten Zündgeschwindigkeit bei den Gemischen, die 20 bis 30 vH Luftmangel besitzen, zeigen sich Schwingungen im Diagramm, die mit zunehmendem Anfangsdruck so rasch wachsen, daß es bei 5 at Gesamtdruck nicht mehr möglich war, einwandfreie Diagramme zu erhalten (Diagramm 35, 36). In Verbindung damit treten bei der Explosion Zündgeräusche auf, deren Stärke mit steigendem Anfangsdruck ebenfalls zunimmt. Bei dem größten Anfangsdruck von 5,00 at wurde die Entflammung von einem starken, langandauernden Heulen begleitet. Auf S. 48 und 49 sind die Diagramme der Versuche 7, 21, 22 und 34 wiedergegeben. Bei 2,50 und 5,00 at scheint der Druckanstieg der Verbrennung den Charakter der Stetigkeit zu verlieren. Nach einem Bruchteil der Verbrennungszeit zeigt die Drucksteigerungskurve einen scharfen Knick, der die Folge eines heftigen Stoßes der Explosion ist. Dieser Stoß war so stark, daß es besonderer Maßnahmen bedurfte, um den durch die Membran betätigten Spiegel in seiner Lage zu erhalten. Es ist wahrscheinlich, daß der stürmische Verlauf der Reaktion in Beziehung zu der zuerst von Berthelot beobachteten Zündwelle[1]) steht.

Die Diagramme geben zu einer weiteren Bemerkung Anlaß. Es trat nämlich die eigentümliche Erscheinung auf, daß der Druck nach der Verbrennung und nach erfolgter Abkühlung größer als der Anfangsdruck der Ladung war. Da das Benzin infolge der Verbrennung eine Volumenzunahme erfährt, so muß bei unveränderlichem Verbrennungsraum der Druck steigen. Durch die Abkühlung wird der gebildete Wasserdampf kondensiert und, da das Volumen des flüssigen Wassers als verschwindend klein vernachlässigt werden kann, der Druck erniedrigt. Für dampfförmiges Wasser berechnet sich aus der Verbrennungsgleichung, wenn p_1 und p_2 den Druck vor und nach der Verbrennung bezeichnet,

$$p_2 = 1{,}051\, p_1,$$

für kondensierten Wasserdampf

$$p_2 = 0{,}911\, p_1.$$

Die Tatsache, daß nach erfolgter Abkühlung $p_2 > p_1$ ist, läßt vermuten, daß Wasser nicht gebildet worden ist, und den Schluß naheliegend erscheinen, daß bei hohen Temperaturen und Luftmangel eine Abspaltung von freiem Wasserstoff eintritt. Zur genauen Untersuchung müßten Analysen der Verbrennungsrückstände vorgenommen werden. Da es für die vorliegenden Versuche im wesentlichen nur auf die Ermittlung der Zündgeschwindigkeit ankam, so wurde davon vorläufig abgesehen.

Die Zündgeschwindigkeit von Benzindampf-Luftgemischen ist hiernach klein. Sie erreicht im Höchstfall den vom Anfangsdruck der Ladung nahezu unabhängigen Wert von 2,3 m/sk. Da beim Fahrzeugmotor das in den Zylinder eintretende Gemisch durch die Rückstände eine Verdünnung erfährt, so wird dieser Wert wahrscheinlich noch weiter herabgesetzt. Es erhellt auch hieraus, daß die Zündung erheblich vor dem Hubwechsel eingestellt werden muß, damit die Entflammung zur Zeit der geringsten Kolbengeschwindigkeit stattfindet. Bei Spätzündungen kann leicht der Fall eintreten, daß die Kolbengeschwindigkeit die Zündgeschwindigkeit weit überschreitet: die Flamme hat keine Zeit,

---

[1]) Annales de Chimie et de Physique, 5. Serie, T. 28 S. 327.

vollständig durch den Zylinder zu schlagen, und ein großer Teil des vergasten Benzins verläßt trotz Gegenwart einer genügenden Menge Sauerstoffs unverbrannt den Motor.

Im Einklang mit diesen Darlegungen stehen die Versuche von Hopkinson[1] an einem 20 PS Vierzylinder-Fahrzeugmotor der Daimler-Werke. Durch großen Luftüberschuß wurde der Brenngasgehalt der Ladung so gering und dadurch die Zündgeschwindigkeit so klein, daß nur eine teilweise Verbrennung des Benzins eintrat und freier Sauerstoff in den Abgasen nachgewiesen werden konnte.

[1] Engineering 1907 S. 220.

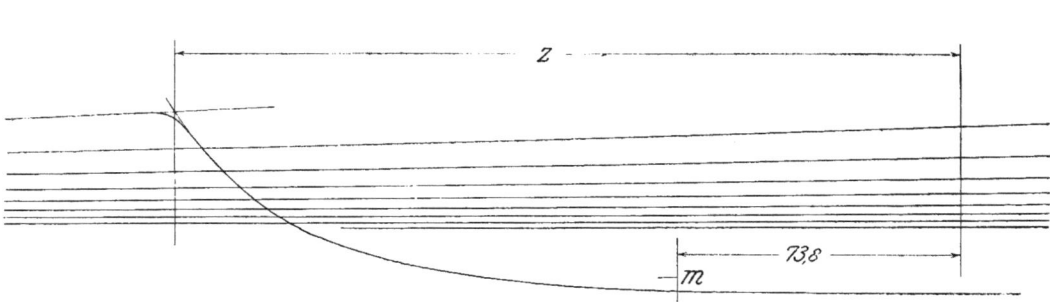

Versuch Nr. 9. Anfangsdruck 1,00 at abs.

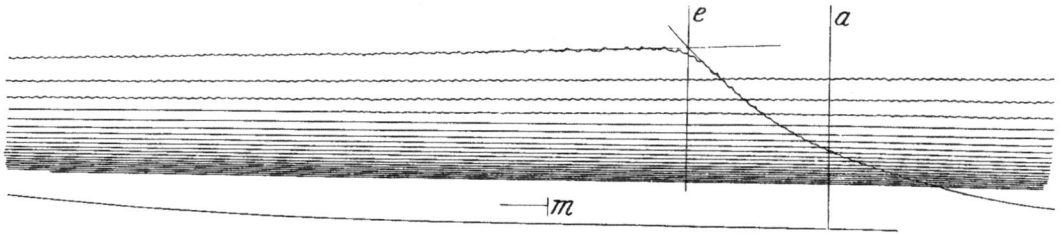

Versuch Nr. 7. Anfangsdruck 1,00 at abs.

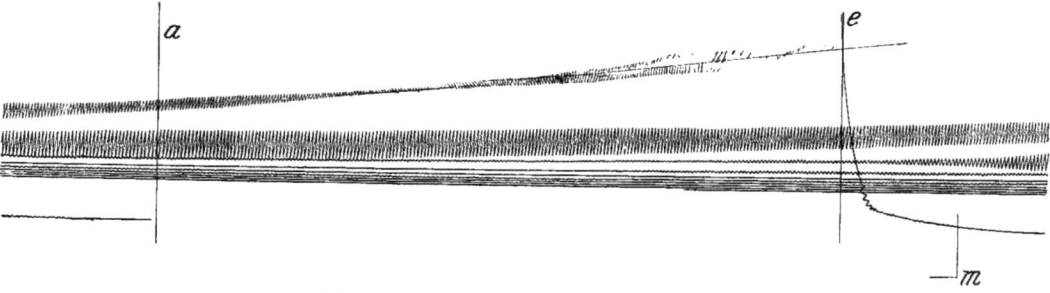

Versuch Nr. 21. Anfangsdruck 2,5 at abs.

— 50 —

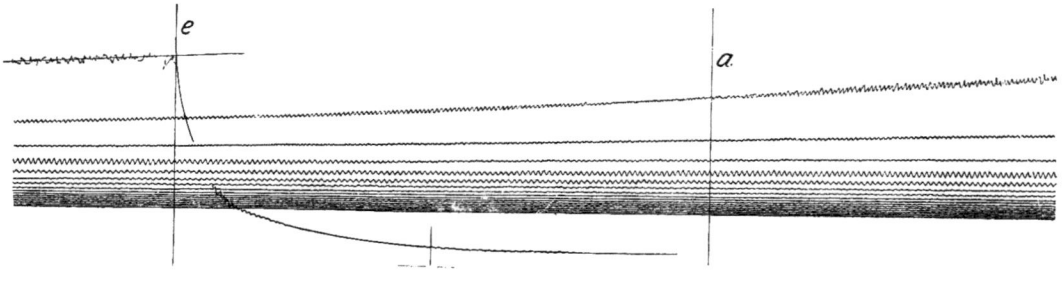

Versuch Nr. 22. Anfangsdruck 2,5 at abs.

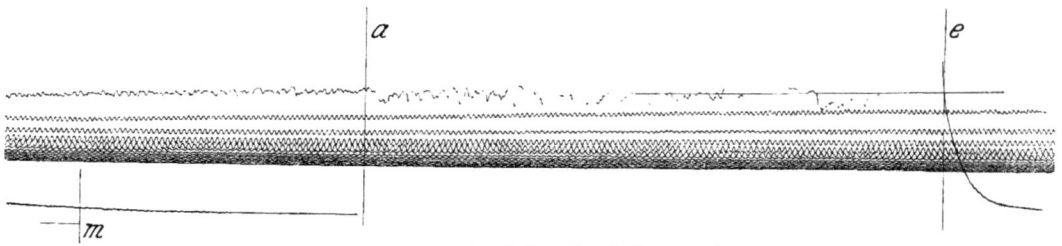

Versuch Nr. 34. Anfangsdruck 5,00 at abs.

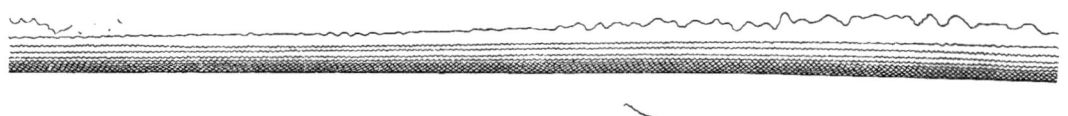

Versuch Nr. 35. Anfangsdruck 5,00 at abs.

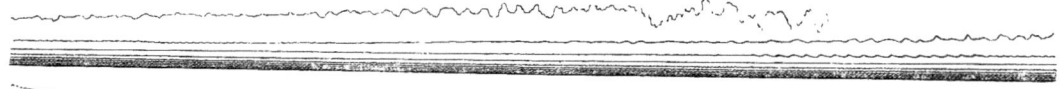

Versuch Nr. 36. Anfangsdruck 5,00 at abs.

Heft 22.
Bach: Versuche über den Gleitwiderstand einbetonierten Eisens.
Klein: Ueber freigehende Pumpenventile.
Fuchs: Der Wärmeübergang und seine Verschiedenheiten innerhalb einer Dampfkesselheizfläche.

Heft 23.
Baum und Hoffmann: Versuche an Wasserhaltungen (Dampfwasserhaltung der Zeche Victor, hydraulische Wasserhaltung der Zeche Dannenbaum, Schacht II, und elektrische Wasserhaltungen der Zechen Victor, A. von Hansemann und Mansfeld)

Heft 24.
Klemperer: Versuche über den ökonomischen Einfluß der Kompression bei Dampfmaschinen.
Bach: Versuche über die Festigkeitseigenschaften von Stahlguß bei gewöhnlicher und höherer Temperatur

Heft 25.
Häußer: Untersuchungen über explosible Leuchtgas-Luftgemische.
Föttinger: Effektive Maschinenleistung und effektives Drehmoment, und deren experimentelle Bestimmung (mit besonderer Berücksichtigung großer Schiffsmaschinen).

Heft 26 und 27.
Roser: Die Prüfung der Indikatorfedern.
Wiebe und Schwirkus: Beiträge zur Prüfung von Indikatorfedern.
Staus: Einfluß der Wärme auf die Indikatorfeder.
Schwirkus: Ueber die Prüfung von Indikatorfedern.
—, Auf Zug beanspruchte Indikatorfedern.

Heft 28.
Loewenherz und van der Hoop: Wirbelstromverluste im Ankerkupfer elektrischer Maschinen.
Bach: Versuche über die Festigkeitseigenschaften von Flußeisenblechen bei gewöhnlicher und höherer Temperatur (hierzu Tafel 1 bis 4).

Heft 29.
Bach: Druckversuche mit Eisenbetonkörpern.
—, Die Aenderung der Zähigkeit von Kesselblechen mit Zunahme der Festigkeit.
—, Zur Kenntnis der Streckgrenze.
—, Zur Abhängigkeit der Bruchdehnung von der Meßlänge.
—, Versuche über die Verschiedenheit der Elastizität von Fox- und Morison-Wellrohren.

Heft 30.
Berg: Die Wirkungsweise federbelasteter Pumpenventile und ihre Berechnung.
Richter: Das Verhalten überhitzten Wasserdampfes in der Kolbenmaschine.

Heft 31.
Bach: Versuche zur Ermittlung der Durchbiegung und der Widerstandsfähigkeit von Scheibenkolben.
Stribek: Warmzerreißversuche mit Durana-Gußmetall. Gesichtspunkte zur Beurteilung der Ergebnisse von Warmzerreißversuchen.
Wendt: Untersuchungen an Gaserzeugern.

Heft 32.
Richter: Thermische Untersuchung an Kompressoren.
v. Studniarski: Ueber die Verteilung der magnetischen Kraftlinien im Anker einer Gleichstrommaschine.

Heft 33.
Wagner: Apparat zur strobographischen Aufzeichnung von Pendeldiagrammen.
Wiebe: Der Temperaturkoeffizient bei Indikatorfedern.
Bach: Versuche über die Elastizität von Flammrohren mit einzelnen Wellen.
—, Die Bildung von Rissen in Kesselblechen.
—, Versuche über die Drehungsfestigkeit von Körpern mit trapezförmigem und dreieckigem Querschnitt.

Heft 34.
Köhler: Die Rohrbruchventile. Untersuchungsergebnisse und Konstruktionsgrundlagen.
Wiebe und Leman: Untersuchungen über die Proportionalität der Schreibzeuge bei Indikatoren.

Heft 35 und 36.
Adam: Ueber den Ausfluß von heißem Wasser.
Ott: Untersuchungen zur Frage der Erwärmung elektrischer Maschinen. I. Wärmeleitvermögen der lamellierten Armatur. II. Erwärmungsgleichungen für Feldspulen.
Knoblauch und Jakob: Ueber die Abhängigkeit der spezifischen Wärme C_p des Wasserdampfes von Druck und Temperatur.

Heft 37.
Bendemann: Ueber den Ausfluß des Wasserdampfes und über Dampfmengenmessung.
Möller: Untersuchungen an Drucklufthämmern.

Heft 38.
Martens: Die Meßdose als Kraftmesser in der Materialprüfmaschine.

Heft 39.
Bach: Versuche mit Eisenbetonbalken. Erster Teil.
—, Versuche mit einbetoniertem Thacher-Eisen.

Heft 40.
Versuche an der Wasserhaltung der Zeche Franziska in Witten.
Grübler: Vergleichende Festigkeitsversuche an Körpern aus Zementmörtel.
Lorenz: Vergleichsversuche an Schiffschrauben.
—, Die Aenderung der Umlaufzahl und des Wirkungsgrades von Schiffschrauben mit der Fahrgeschwindigkeit.

Heft 41.
Hort: Die Wärmevorgänge beim Längen von Metallen.
Mühlschlegel: Regulierversuche an den Turbinen des Elektrizitätswerkes Gersthofen am Lech.

Heft 42.
Biel: Die Wirkungsweise der Kreiselpumpen und Ventilatoren. Versuchsergebnisse und Betrachtungen.

Heft 43.
Schlesinger: Versuche über die Leistung von Schmirgel- und Karborundumscheiben bei Wasserzuführung.

Heft 44.
Biel: Ueber den Druckhöhenverlust bei der Fortleitung tropfbarer und gasförmiger Flüssigkeiten.

Heft 45 bis 47.
Bach: Versuche mit Eisenbetonbalken. Zweiter Teil.

Heft 48.
Becker: Strömungsvorgänge in ringförmigen Spalten und ihre Beziehungen zum Poiseuilleschen Gesetz.
Pinegin: Versuche über den Zusammenhang von Biegungsfestigkeit und Zugfestigkeit bei Gußeisen.

Heft 49.
Martens: Die Stulpenreibung und der Genauigkeitsgrad der Kraftmessung mittels der hydraulischen Presse.
Wieghardt: Ueber ein neues Verfahren, verwickelte Spannungsverteilungen in elastischen Körpern auf experimentellem Wege zu finden.
Müller: Messung von Gasmengen mit der Drosselscheibe

Heft 50.
Rötscher: Versuche an einer 2000 pferdigen Riedler-Stumpf-Dampfturbine.

Heft 51 und 52.
Bach: Versuche mit gewölbten Flammrohrböden.

If you have any concerns about our products,
you can contact us on
ProductSafety@springernature.com

In case Publisher is established outside the EU,
the EU authorized representative is:
**Springer Nature Customer Service Center GmbH
Europaplatz 3, 69115 Heidelberg, Germany**

Printed by Libri Plureos GmbH
in Hamburg, Germany